スッキリ！がってん！
雷の本

乾　昭文 [著]

電気書院

はじめに

　雷は気象現象であるが，雷って，何なのだろうか？「雷は電気である」と知っているだろうか．

　雷は，昔から，世界中の各国と深い縁がある．詳しくは1章の「雷ってなあに」で触れるが，アメリカ，西欧，日本で，一見，雷とは思われないもの，例えば，次のようなものとも関係している．

　凧あげ，100ドル紙幣，ライデン瓶，セントエルモの火，などなど．

　これらの用語は，多くの方は一度は耳にしたことがあるだろう．しかし，雷と密接に関係しているとは知っていただろうか？

　1章では「雷ってなあに」との題目で，雷の発生からそのメカニズムについて説明している．「雷は電気の放電現象である」ことを，そして，「雷がどこに落ちるのか」，「雷の威力のすごさ」などを知ってほしい．

　2章では，「どのような雷があるのだろうか？」に焦点をあて，雷の基礎現象を雷雲のでき方から雷雲の成長，そして，いろいろな落雷の様子について説明している．また，雷の種類と特性についても，いろいろな角度から眺めてみた．特に，一般には珍しい雷，火山雷や火事雷など自然災害や事故に関係した雷や宇宙規模の雷まで解説している．

　3章では，「雷を予知し，防ぐ方法」について記載している．雷の直撃や，雷によるいろいろな被害を防ぐために，現在，明らかになっている方法についてまとめている．避雷針は，「雷を避ける針」と書きますが，実は，「雷を呼び寄せる針，雷吸収装置」であること

は知っているだろうか？　避雷針についての詳しいことは3章に記載している．また，その歴史的なこと，最初に発明した人については，1章で詳しく触れている．

　本書では，雷について，かなり専門的なことまで記載している．さらに，学術的にも高度な内容，最新の研究結果なども紹介した．大学の，「高電圧工学」の一分野として扱われている，「雷は放電である」(1章)などをはじめ，最近の研究結果，「雷のエネルギーは利用できるか」(3章)などについても触れている．少し，専門的であるが，ぜひ読破してほしい．また，各章はできるだけ独立して書かれているので，どの章から読み始めてもいいが，ぜひ全章を読破してほしい．本書が，読者の雷に対する正しいご理解に少しでも資することができれば，筆者の望外の幸せである．

2015年11月　著者記す

目　次

はじめに —— *iii*

1　雷ってなぁに

- 1.1　雷のもと —— *1*
- 1.2　雷はどうやって発生するの —— *7*
- 1.3　雷は放電である —— *9*
- 1.4　雷に通り道ってあるの —— *18*
- 1.5　どこに落ちるの —— *21*
- 1.6　エネルギーはどれくらい —— *26*

2　雷の基礎

- 2.1　どんな雷があるの —— *31*
- 2.2　季節によって違うの —— *34*
- 2.3　上向きの雷があるの —— *47*
- 2.4　自然災害・事故に関連した雷があるの —— *48*
- 2.5　宇宙にも雷はあるの —— *51*
- 2.6　直撃しなくても被雷するの —— *53*

❸ 雷の応用

3.1 雷が近づくのがわかるか —— *61*

3.2 雷は避雷針で防げるか —— *65*

3.3 ゴム製品は雷を通さない―だから安全？ —— *74*

3.4 雷エネルギーは利用できるか —— *78*

3.5 お米が豊作になる —— *82*

索引 —— *89*

雷ってなぁに

1.1 雷のもと

　雷は気象現象，雷のもとは雷雲である．雷は雷雲がもとであるのは事実だが，基本的には電気の放電現象である．雷が電気であると最初にいったのは誰だろうか．ベンジャミン・フランクリン（Benjamin Franklin, 1705-1790）である．この人の名前を聞いたことがあるだろうか．アメリカの政治家で，物理学者，気象学者である．彼に関連したキーワードとしては，凧あげ，100ドル紙幣などがある．

　ベンジャミン・フランクリンは，アメリカの独立に多大な貢献をし，1776年アメリカ独立宣言の起草にも関与している．このような業績から100ドル紙幣にフランクリンの肖像画が描かれている．図1・1に100ドル紙幣を示す．描かれているのがフランクリンである．

図1・1　100ドル紙幣（ベンジャミン・フランクリンの肖像画が描かれている）

1 雷ってなぁに

　一方,フランクリンは物理学者,気象学者としても著名な学者であり,凧とライデン瓶を用いた実験で,雷が電気であることを実験的に証明したことでも有名である.フランクリンは,電気を蓄えたり,感知したりすることができるライデン瓶の実験を知り,電気に興味をもったといわれている.

　このライデン瓶は1746年にオランダのライデン大学で発明された静電気を溜めることができる装置である.フランクリンは,1752年嵐の日,雷が近づくのを待って凧を上げた.凧糸の末端にライデン瓶をつなぎ,雷雲の電気,帯電を証明する実験を行った(図1・2).また,雷の電気にプラスとマイナスの両方があることを確認したともいわれている.ライデン瓶に蓄えられた電気は,日によってはプ

図1・2　凧とライデン瓶を用いた実験

1.1 雷のもと

ラス，正（＋），陽電気の日もあれば，マイナス，負（－），陰電気の日もあったという．

　フランクリンはガラスと樹脂の接触帯電によるライデン瓶の実験から，2種類の電気があるのではなく，二つの物質を接触させたとき，片方には電気が余分にあり，片方では電気が不足しているのではないかと考えた．さらに，フランクリンは避雷針も発明した．1749年とも1753年ともいわれているが，検証，実用化したのは，雷の実験の後であったようである．避雷針は，当初，「フランクリンの棒」と呼ばれ，高い位置にある教会にまず設置されたので，避雷針は教会の目印になっていたようである．

　ところで，これよりずっと前，古代において，人々はすでに雷の前兆現象をとらえていたのである．西欧では，「セントエルモの火（St. Elmo's Fire）」として嵐の夜などに船のマストや急しゅんな峰に現れる青紫色の炎火を，「嵐の前兆」として恐れていた．これは雷雲により大気電界が強くなったときに現れるコロナ放電現象だったのである．304年，イタリアの聖エラスムス（St. Erasmusがなまってelmo）は海岸の町，ガエタで殉教者となった．地中海の船乗りたちはこれを悼み，嵐の日などに船のマストに現れる炎を「エルモの火」と名付けた．炎が一つのときは凶で，"嵐や雷の前兆"であるとし，二つのときは吉で，"好天気で港に導く幸運をもたらす"としていた．

　冬などドアを開けようとして図1・3のようにノブを触ったとき，ビリッときたことがあるかと思う．これは人の手とドアのノブの間で雷が発生し，人から雷が落ちたのである．人が雷雲になっているのである．

　摩擦帯電を知っているだろうか．もの同士を摩擦したとき，図1・4のように帯電列で決まる電位に従って，二つの物質はそれぞれ正

1 雷ってなぁに

図 1・3 ドアのノブを触ったときにビリッ！――人の手とドアのノブの間で雷が発生

と負に帯電する．すなわち，プラス，正（+）に帯電しやすい物質と，マイナス，負（−）に帯電しやすい物質があるのである．同じ物質でも，摩擦する相手によっては正に帯電したり，負に帯電したりすることがあるわけである．また，この帯電列の差が大きいほど帯電電位も大きくなる傾向がある．ドアのノブを触ったとき，ドアの前に立った人が，服のこすれや歩行による床などとの摩擦により帯電していたのである．雲の中でもこの摩擦帯電が起きているのである．雲が帯電しているのだ．

　雷は気象現象でもあり，電気放電現象でもある．特に，雷雲の発生には気流による氷の粒の摩擦が，雷の発生，そして落雷と大きく関係している．一般に雲を構成する雲粒（雲の粒）は，直径 0.02 mm 程度の非常に細かい水滴か氷の結晶（氷晶）からできている．この雲は地上から吹き上げられる風（上昇気流）により支えられて空中に浮

1.1 雷のもと

帯電列の例（静電気安全指針，1988，産業安全研究所技術指針）			
金属 (＋)	繊維 (＋)	天然物質 (＋) アスベスト 人毛・毛皮 ガラス 雲母	合成繊維 (＋)
鉛	羊毛 ナイロン レーヨン 絹 木綿 麻	綿 木材 人の皮膚	
	ガラス繊維 アセテート		
亜鉛 アルミニウム		紙	
クロム			
			エボナイト
鉄 銅 ニッケル 金		ゴム	ポリスチレン
白金	ビニロン ポリエステル アクリル		ポリプロピレン ポリエチレン
	ポリ塩化ビニリデン	セルロイド セロファン	塩化ビニル ポリテトラフロロエチレン
(－)	(－)	(－)	(－)

(注) 1. 帯電列中の二つの物質を摩擦または剥離したとき，上の物質が正極性（＋）に帯電し，下の物質が負極性（－）に帯電する．その帯電量は帯電列中の位置が離れているほど大きくなる傾向がある．
2. 表の帯電列は物質の種類別に示されているが，種類を越えて二つの物質間の上下の位置関係によって比較できるように並べられている．

図1・4 帯電列

1 雷ってなぁに

かんでいる.

このような雲の中では,雲粒を吹き上げる上昇気流と,降水に働く重力(落下する力)が雲の粒を引き離すように働く.一方,プラスとマイナスの引き合う力(クーロン力という)も働く.上昇気流に逆らって落下するものもある.特に,直径2 mm以上の水滴や氷粒などで,雨,雲,あられ,ひょうなどがそうである.

あられができるとき,細かい氷晶も発生するといわれており,一般に氷晶は正(＋),あられは負(－)に帯電すると考えられている.雨滴が激しく落下するときにも大きな電気が発生する.また,上昇気流と重力のバランスにも影響されるが,雲の上には軽い氷晶が運ばれ正の電荷が分布し,そのすぐ下のあられには負の電荷が分布している.あられは空気に対し重力を受けるため,急速度で落下しようとするが,上昇気流によるもち上げる力も同程度に働くため,雲の中では一定の高さに正負の電荷が分離して存在する.

現在,雷の発生は,太陽熱により高温多湿の空気が上昇気流となり,雲が発生し,その中で,雷雲となるのは電荷分離が激しく起こった雲であるとされている.このような雷が発生する雲の上部には正,下部には負の電荷が集まり,また,雲底には正に帯電した部分が存在していると説明されている.ただし,帯電する電荷の符号(正,負)についてはその仕組みはよくわかっていない.

雷は雲からやってくるが,その雲はどのようしてできるのだろうか.雲には雷が発生する雲としない雲があるのだろうか.詳しくは次にまとめる.

1.2 雷はどうやって発生するの

雷というと，夏の暑い日の入道雲，晴れていたときに，急にもくもくと立ち上がる雲，そして，急になにわか雨を伴った雷を思い浮かべる人も多いかと思う．

夏場，太陽熱によって地表面が暖められると水蒸気は数千 m まで急上昇する．すると，この水蒸気は上空で急激に冷却されて，ひょうやあられ，氷晶が生成され，入道雲（積乱雲）となる．これが雷雲である．図 1・5(a)に雷雲の電荷の分布を示す．雲の粒に正や負の電荷が帯電し，帯電の分布や強度がある限度を超えると，雲の内部，あるいは地上と放電を起こす．すなわち，目や耳で感じる稲光や雷鳴が起こることになり，地上にも落ちてくる，「放電する（落雷）」という結果を引き起こすことになるのである．これが雷である．

この夏の雷のもととなっている夏雲は，多くは上部に正の電荷が，下部に負の電荷が分布しているといわれている．降水の中には最大直径 4 mm 程度の雨滴があるが，これより大きなあられが多量につくられ，あられは激しく落下し，そのときに帯電する．また，あられができるとき，同時に細かい氷晶も発生し，電気的には氷晶が正に，あられが負に帯電する．上昇気流と重力のバランスから，雲の上部には軽い氷晶が運ばれることにより正電荷が分布し，そのすぐ下にはあられにより負電荷が分布する．

この夏の雷雲，入道雲は高さが十数 km に達することもあり，落雷の距離（放電の長さ）も数 100 m から 1 000 m に及ぶこともある．雷撃と呼ばれるのもこのためであろうか．図 1・5(b)に夏の雷雲を示す．

一方，冬の雷は冬季雷と呼ばれ，日本では特に日本海側や北陸地方でよく見られる．シベリアからの季節風によりもたらされる雷雲

1 雷ってなぁに

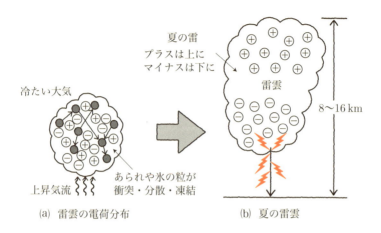

(a) 雷雲の電荷分布

(b) 夏の雷雲

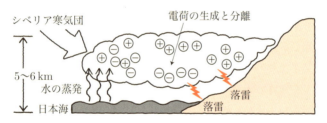

(c) 冬の雷雲

(d) 高構造物から上方に向かっての雷の放電

図1・5　夏の雷雲と冬の雷雲の電荷分布の違い

で，高度が 5〜6 km と低いのが特徴である．しかも，夏の入道雲のように上空に伸びているのではなく，冬季雷の多くは図 1・5(c) のように横に広がっているのが特徴である．冬季雷では高度が低く（5 km〜6 km），横に広がっているため，上部の正電荷から直接地上への放電が起こる．また，地上の高構造物から放電が発生し，図 1・5(d) のように上空の雷雲の方へ進展することもある．その結果，放電，雷が地上の物体（高構造物や高い木など）から上方へ向かって伸びることも多くなる．

1.3 雷は放電である

1.1 雷のもとで述べたように，雷は電気の放電現象である．ドアのノブを触ろうとしたとき，ビリッときたことがある経験は皆がもっている．これは放電である．人の手とドアのノブの間で雷が発生し，人の指からドアに雷が落ちたのである．

ところで，放電とは何？　雷は放電？　なのか．

雷が電気であることを最初に発見したのは，ベンジャミン・フランクリンであることは 1.1 で述べた．では，この雷が「放電」であることが発見され，研究された様子を歴史的にもう少し詳しくみてみることにする．

ベンジャミン・フランクリンは，1752 年，雷の日に凧上げの実験をして，雷が電気であることを最初に発見した．

スウェーデン生まれのロシアの物理学者で，技術者，リッチマン (Georg Wilhelm Richmann, 1711〜1753) は，ロシアで雷の研究を続け，1753 年，雷雲が放電を起こしていることを証明したが，自ら，雷に打たれて死亡した．

1 雷ってなぁに

　フランクリンやリッチマンによる雷の研究から，雷が電気であり，放電であることが明らかになっていった．ドイツでは雷により流れる電流，雷電流がポッケルス（Friedrich Carl Alwin Pockels, 1865～1913）により測定されている．ポッケルス素子*を利用して測定を成功させた．

　そのような中で，イギリスのウィルソン（Charles Thomas Rees Wilson, 1869～1959）は，1897年に発明した霧箱（Cloud Chamber）の実験によって，雷による電界測定を行い，1936年，ノーベル賞を受賞している．雲にはイオン化された粒子が存在し，雷はこの粒子が気中を通り抜けるものであると説明している．図1・6はケンブリッジ大学の博物館に展示されているウィルソンの霧箱である．日本の国立科学博物館はじめ，各国の著名な博物館で，ウィルソンの霧箱として展示されている．

　その後，1888年，ホファート（H.H.Hoffert, 1860～1920）は，雷

図1・6　ウィルソンの霧箱（ケンブリッジ大学の博物館に展示）

---

*　ポッケルス素子：ポッケル効果は1893年，ポッケルスが発見した電気光学効果であり，この効果を利用して雷による電流が測定されている．ポッケルス素子は，ポッケルス効果を起こし，出力を制御することができるようにした透明な結晶（光学素子）である．

1.3 雷は放電である

が放電であり，100分の1秒オーダーの間隔で，いくつかの放電が同じ経路の上を通る現象であることを発見し，また，カメラで観測し，その結果を1900年に発表している．

イギリスのボイス（Charles Vermen Boys, 1855〜1944）が開発したボイスカメラが雷の観測に用いられる．

ボイスカメラは，図1・7 に示すような雷の電光の動態をとらえるための特殊カメラであり，開発者のボイスの名前が冠されている．レンズを円盤につけて回転させ，回転位置が次々と移るごとにフィルム上に順に像を結ばせる方式と，レンズを固定してフィルムを回転させて順に像を結ばせる方式とがある．連続して撮影する一種の高速度カメラである．ボイスはこのカメラを用いて，雷雲から雷が地上に向かって枝のように伸びて放電する様子を撮影した．

さらに，南アフリカのションランド（Basil Fredinand Jamiesen

図1・7　ボイスカメラ

1 雷ってなぁに

Schonland, 1896〜1972) は，アフリカでこのボイスカメラで雷を測定し，1934 年に雷に関する著書を著し，雷が放電であることを記載し，論文などにも発表している．雷が天空からの放電であることを明らかにしている．

アメリカ，マックアークロン (K. B. McEachron) は，G.E. 社 (General Electric, ジェネラルエレクトリック社) の技術者で，ニューヨーク，エンパイアステイトビルへの落雷を 1935 年以来観測し続けた．ボイスカメラにより 62 枚の落雷の写真を撮影している．そのうち，20 枚は同時に雷撃が生じたものであることを明らかにしている．このように，雷撃は放電であり，雷撃，放電が持続することを，このエンパイアステイトビルへの雷撃 (尖頭雷) 観測により明らかにしている．この雷撃を連続ストローク，もしくは持続ストローク (Continuing Strokes) と呼ぶ．

また，上向きに伸びる放電やステップ状の雷 (ステップトリーダ) も観測している．さらに，マックアークロンは，このような重要な結果をまとめて 1937 年までに報告している．

このように，雷雲内の電荷分布に関する研究は 1920 年代から始まり，1935 年 (昭和 10 年) から 1937 年 (昭和 12 年) にかけて，世界各国で相次いで雷が放電であることが証明された．

このような観測の結果，雷が発生するときは，本来電気的に中性である雲の構成要素の水が，水蒸気，水，氷晶，あられ等に相変化しながら，ある過程を経て「プラス，マイナスの電荷領域に分かれる」ということが明らかになっている．これは「着氷電荷分離機構」と呼ばれている．この考え方は，歴史的に変遷があり，共通認識にいたるまでには時間がかかっている．

地表上空 100 km から 150 km には，プラスのイオン層，そしてさ

1.3 雷は放電である

らに雷雲の上層部200 kmから700 km部分には，さらに強いプラスイオン層が存在する．雷雲の下の地表面は，誘導によって，マイナス，負に帯電していると考えられる．地表面の大気中では，約 1 V/cmの電界が生じている．

大気の電導性が高まると，地表に向かって雷雲のプラスイオン層から放電が生じ，イオン層の電荷密度は小さくなる．一方，地表からは，上空に向かう高温気流の摩擦によって，大気中の水分をイオン化して上空の低温部で凝結して水滴になる．重力と粒子の大きさ，浮力との関係で，直径0.5 cm以上のものは分解して，プラスとマイナスの粒子に分かれる．プラスは上昇し，マイナスは下降する．これが雲の帯電である．というのが，シンプソン（G. C. Simpson）により1930年代の終わりころに発表された説である．

シンプソンは彼自身の経験から，雷雲の上部がマイナスに帯電し，下部がプラスに帯電していると考えた．さらに，マイナスイオンは上昇気流で雷雲の上部に運ばれるとした．一方，ウィルソンはシンプソンと全く逆の電荷分布，雷雲の上部はプラスに帯電し，下部はマイナスに帯電しているとした．2人の説は，帯電雲の電荷分布では真っ向から正反対であった．その後，ほぼウィルソンの説が支持されている．

シンプソンもウィルソンの説に近い図1・8のような雷雲モデルを発表している．図は，雷雲内における電荷分布と気流を示しているものである．この雷雲モデルは電荷分布という観点からも雷雲内の電荷の基本モデルとなるものである．

この帯電雲（雷雲，Thunder storm cloud）が，地上約200 mから2 kmの高さ近くまで下がってくると，地表には，$3 \times 10^3 \sim 5 \times 10^5$（3 000～500 000）V/cm程度の電界（1 cm当たり3 000 V～500 000 V

1 雷ってなぁに

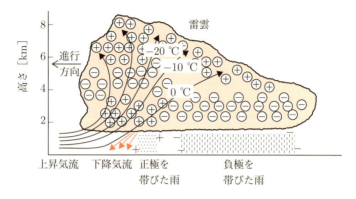

図1・8 シンプソンによる雷雲モデル—雷雲内の電荷分布を示す

の電界)が発生し，雲の最も電界の高い部分から電子雪崩が発生し，ストリーマに移って，$(2〜5)×10^5$ m/s(秒速200 km〜500 km)の速度で大地に向かって下降する．このストリーマの電荷密度は$1×10^{11}$ イオン/cm^3(1cm^{3}当たり1 000億個のイオン)程度と比較的少ないため，光は弱く，遠方から肉眼では見えない．このストリーマをパイロットストリーマ(Pilot Streamer)と呼ぶ．

このパイロットストリーマが進んだ道，これをプレイオン化チャンネル(Pre-ionized channel)というが，この道を通って，雲より大地に向かう新しい放電が生じる．

この通り路，ストロークの電荷密度は1 cm^{3}当たり$10^{14}〜10^{15}$個のイオンからなり，パイロットストリーマより千倍から1万倍多い．光の放射が強く，この光電効果と空間電荷による電界の増強によって，新しいパイロットストリーマを発生する．このリーダストロークとパイロットストリーマをステップトリーダストローク(Stepped

1.3 雷は放電である

Leader Stroke）と名付ける．ストロークは先のパイロットストリーマを 100 倍程度の速さで追いかけ，その先端に達して止まる．この所要時間は 30〜80 μs（1 μs（マイクロ秒）は 100 万分の 1 秒）で，平均では 50 μs である．これをダウンワードストローク（Downward Stroke）または，リーダストローク（Leader Stroke）と呼ぶ．

このステップリーダストロークの下降速度は $(1〜5) \times 10^5$ m/s（秒速 100 km〜500 km）である．リーダストロークが新しいパイロットストリーマを生む際に分岐を生む．

このリーダストロークが地表に近づくか，または地面に達すると，リーダストロークの残したプレイオン化チャンネルを通して強いストロークが地表から雲に向かって生じる．これをリターンストローク（Return Stroke）またはメインストローク（Main Stroke）と呼ぶ．この速度は $(0.2〜1.5) \times 10^8$ m/s で，1 秒間に 1 億 m と非常に速く，イオン密度は約 10^{19}/cm^3（1 cm^3 当たり 10^{19} 個とステップリーダストロークのさらに 1 万倍から 10 万倍と多い）と高く，発光は極めて強い．この速度は地表に近いところほど早く，上空になるにしたがって遅くなる．これは地表に近いほどイオン化が新しく，上空になるほどイオン化チャンネルが老化（Relative age）するからであるといわれている．このステップリーダストロークとリターンストロークを一対として，一応，放電は終わる．この様子を図 1・9 に示す．

ステップリーダ（Stepped Leader）は，間欠的に進展しながら空気を絶縁破壊するものである．キロメートルを超す雷雲から地表までの空間を，一気には放電が進展しないということを示している．これは，「リーダ放電がある程度進展すると，その先端の電荷密度が低くなり，局所的な電界が弱くなるため，後方からの電荷補給を待ち，再び強い局所電界になったときに次のステップ放電が伸びる」

1 雷ってなぁに

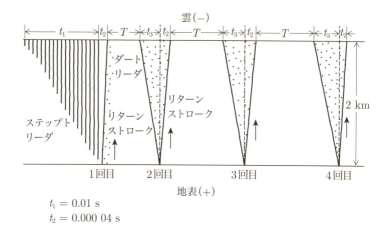

$t_1 = 0.01$ s
$t_2 = 0.000\,04$ s
$t_3 = 0.001$ s
$T = 0.03$ s

図1・9 雷の進展の様子

と説明されている．いろいろのステップトリーダが観測されており，その進展の様子をモデル化した一例を図1・10に示す．

　数10 msから100 ms程度の時間をかけ，ステップトリーダは大地（あるいは雲内のプラスの電荷域）に接近し，大気の電離された通り道として放電路を形成する．なお，ステップトリーダの平均進展速度は，先に述べたように，毎秒100 kmから500 km（$(1\sim5)\times10^5$ m/s），電子温度は5 000 K（ケルビン）程度といわれている．

　リターンストロークはステップトリーダによりプラス，マイナスの電荷の中和のための放電路が形成された瞬間に起こる．すなわち，形成された放電路の先端が大地に近づいたとき，大地からお迎えのリーダと呼ばれるメインの放電路が目に見える形で天上に駆け上がる．リターンストロークは，プラス，マイナスに電荷が電離している

1.3 雷は放電である

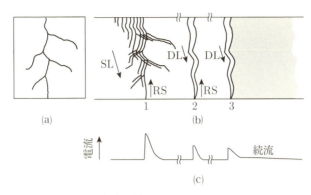

SL：ステップトリーダ
DL：ダートリーダ
RS：リターンストローク

図1・10　ステップ的に伸びる雷放電のモデル化の一例
（ステップトリーダとリターンストロークの概念）

気体で，10数kAの大電流が流れる．放電路の温度は一気に20 000〜30 000 Kにまで引き上げられる．電流の進展方向は，大地から雷雲に向かう．このリターンストロークが雷の電光と雷鳴の主な原因となっている．

しかし，雲の中には多くのチャージセンタ（Charge Center，電荷のたまり場）が残っていて，そこから次の連続ストロークが生じる．この間，100分の1秒ほどの間隔がある．この休止期間中に，雲の中でパイロットストリーマが新しいチャージセンタを探して伸びるか，元のセンターがチャージアップするかなどが行われるのである．この2回目のストロークは1回目のストロークの場合に比較して，ステップの数が非常に少なくなり，1回か数回で，その速度は1秒間に2 000 km（2×10^6 m/s）と遅くなり，イオン密度は，2×10^7

1 雷ってなぁに

イオン/cm^{3}程度で,これを,ダートリーダストローク(dart leader stroke)と呼んでいる.

これが地表に近づくか,達すると,リターンストロークが生じて雲に達してセカンドストロークは終わる.

この連続ストローク(successive stroke)は2〜16(平均4)のストロークからなり,多いものでは40を超えるものもある.ストロークの間隔は約0.01秒程度で,全所要時間は0.1〜0.8秒,平均は0.25秒といわれている.

以上は,平野に生じるもので,平野雷(Field Discharge)と呼び,地質,土壌,畑,野原,林,森林等の影響を受け,経路の変化,分岐の状況が変わってくる.森林や林の多いところの方が雷の分岐が多いという報告もある.

これに対し,高層ビルの頂上に落ちる雷(尖頭雷)については,先に記載したように,マックアークロンがニューヨークエンパイアステイトビルデイングの頂上に落ちる雷を測定した結果,ステップリーダが雲に達すると,リターンストロークはなく,生じたイオンチャンネルを通して放電が持続される.これを連続ストローク(Continuing Stroke)と呼ぶことは先に述べたとおりである.

このような平野雷と尖頭雷を大地雷(Ground Discharge)という.雲の中,雲と雲との間の雷放電の方が,大地雷よりはるかに大きくて数も多い.空雷(Air Discharge),雲雷(Cloud Discharge)と呼んでいる.

1.4 雷に通り道ってあるの

雷は雲にある電荷の固まりから落ちてくることは1.2に述べた.電

1.4 雷に通り道ってあるの

気を通す物体を導体，これに対し，電気を通さない物体を絶縁物という．金属は一般に導体である．固体ではゴムやプラスチックなど，液体では油などが絶縁物で，気体である空気も絶縁物である．したがって，電荷の固まりや電気が流れているものがあっても，われわれの周りには空気があるため，通常は電気が流れてこないのである．普段，安全に電気機器を使用できるのもこのためである．

平板電極や球電極を対向させて一方の電極に電圧を印加した場合を考えてみる．印加電圧を高くしていくと，高電圧になったとき，電極間で火花が飛び，放電が起きる．火花が発生する電圧は，大きな球電極では間隙が1 cmのときに，大気中では約30 000 V (30 kV)である．電極間の空間，間隙長が長くなると，この間隙長にほぼ比例して火花開始電圧は高くなる．また，この放電は通常，間隙間の1か所で生じる．このように火花放電が生じることを，空気が絶縁破壊したという．この火花放電が生じる電圧を火花開始電圧，または，空気の絶縁破壊電圧という．

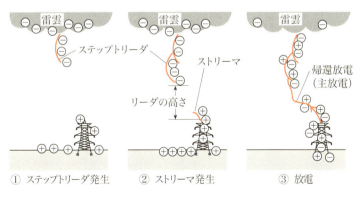

図1・11　落雷の仕組み

1 雷ってなぁに

　雷が落ちたときも空気が絶縁破壊したのである．雷の通り道になったのである．雷は雲の電気，電荷が起こす空気の絶縁破壊である．このとき発する発光が電光で，音が雷鳴である．稲光は放電が発生するものの，空気が完全に破壊していないときに起きている．そして，この火花放電路（火花放電が生じて空気が絶縁破壊しているところ）が雷の通り道である．

　雷の経路，落雷の道筋はプラズマ，またはリーダと呼ばれるものである．このプラズマやリーダは強い発光を伴っており，その内部では数千度の高温になっている．プラズマは電子とイオンの粒子が発生と消滅を繰り返し，エネルギーを放出して発光しており，その一部が人間の目にも見える光となるのである．また，高エネルギーのプラズマ粒子が集まってリーダとなる．雷雲から伸びる放電路はリーダとなっていて，発光も強く，高温になっている．このような高温高密度のプラズマの通り道が枝状に伸びている．

　稲光として人が目にするのは，多くはこのリーダである．このリーダがいったん放電しては休止状態となり，さらにその後充電されて，また伸びるということを繰り返す．枝が伸びるように広がって進むのである．ステップ状に伸び，地上まで達する．これをステップリーダという．

　ステップリーダが大地や送電線鉄塔，大木などに近づくと大地側からリーダに向かって正電荷の網に飛び込んで，これが主放電（ファイナルジャンプということもある）となって，大音響と光，熱を発するのである．雷がピカッと光ってドーンと落ちるのがこれである．これは人の目には上から下へ，雲から大地へ雷が落ちたように見えるが，プラスの電荷の固まり（電荷群）が雷電流となって雲底をめがけて駆け上がっているのである．リターンストロークともいう．

ステップリーダがつくった雷の通り道を駆け上がっているのである．このときのギザギザの道が強烈な光を発するので閃光が見えるのである．温度も非常に高温になっている．雷が落ちたとき，火事になったり，ものを焦がしたりするのもこのためである．

1.5　どこに落ちるの

　雷にもいろいろある．直撃雷，側撃雷，誘導雷，などである．それらの雷によって，どこに落ちるか，どのような被害がもたらされるのかなどが違ってくる．どのような雷があるかについて，詳しくは2章でまとめる．ここではいろいろな雷によって，雷がどこに落ちるのかをまとめてみたいと思う．

(i)　**直撃雷**

　雷は雷雲から地上へ向けて直接落ちることがある．これを"直撃雷"という．木や建物など高い物体はもとより，鉄塔，金属の棒などに落ちやすくなる．しかし，雷は高いものや，金属だけに落ちるのではない．雷は人，あるいは大地，川，海など，電気の流れやすさとは関係なく，所かまわずに落ちる．雷は平野や，運動場など，高いものが何もないところにも落ちる．もちろん，森林，山岳等にも落ちる．ただし，雷が落ちやすいもの，雷が落ちやすい場所などはある．

(ii)　**側撃雷**

　雷は直接落ちる直撃雷だけではなく，高い建物や鉄塔，木などに落ちた雷が，枝のように分かれて進み，再度ほかのものに落ちるということもある．これらを"側撃雷"というが，これらの被害も多くなっている．木や高層建物などに落雷した雷が側面から進んで分か

1 雷ってなぁに

れ，その木や建物の近く，あるいは近くの下にいた人やものに落雷し，被害を与えるということもある．これらは側撃雷の被害である．

(iii) 誘導雷

雷が落ちた場所，雷の大きさなどによっては思わぬ被害を引き起こすことになるのが，"誘導雷"による被害である．雷が近くに落ちることにより，電磁的に電磁波が誘導されて生じる被害である．特に最近の電子機器，通信機器の普及により，雷により誘導される電磁波によるこれらの機器への電磁的な影響が問題となる場合が多くなっている．詳しくは「2章2.6 直撃しなくても被雷するの」で取り扱うので参照のこと．

誘導雷による被害は，雷がどこに落ちるかによっても影響される．雷が近づいたことによる，あるいは，雷鳴が聞こえているだけのようなときでも，また，雷鳴が聞こえていないで，稲妻，稲光が発生しているだけのようなときでも，誘導雷により影響されることがあるので注意を要する．

(iv) 安全な範囲

雷の下，落雷点の近くに高い物体があると，これが，金属，絶縁物（木や建物など）にかかわらず，雷は高いものに引き寄せられて落ちることが多くなる．

図1・12(a)に示すように，高さ30 m以下の物体では，安全な範囲（高い物体に雷が落ちてその近くには雷が落ちない安全な範囲で，これを"保護範囲"という）は，高い物体頂上を中心とし，その高さを半径とする球の範囲となる．ただし，高さが30 m以上では図1・12(b)のように，半径30 mの範囲の円内である．この円内に落ちる可能性の高い雷は，高い物体の頂上に引き寄せられ，高い物体に落ちてその高い物体を経由して大地に流れ込むので，雷がこの範囲に落ちるこ

1.5 どこに落ちるの

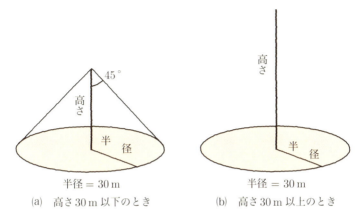

(a) 高さ 30 m 以下のとき　　(b) 高さ 30 m 以上のとき

図 1・12　高い物体があるときの保護範囲

とはないのである．この円を保護範囲という．しかし，これは，高い物体が"雷を引き寄せる範囲は限られている"ことを示しているともいえる．また，注意しなくてはならないのは，"高い物体のすぐ近くにいてはいけない"ということである．高い物体に落ちた雷は隣に枝分かれして落ちて，側撃雷の被害に遭うことがよくある．詳しくは 2 章を参照のこと．人が落雷を受けた物体（通常，背の高い樹木や鉄塔，人の場合も含めて）のすぐ近くにいると，落ちた雷は枝分かれして人に乗り移るように，二次的に落雷し，傷害を受けることがある．立たないで，身を低くし，丸くなってしゃがんでいることが重要である．特に受雷物体（雷の雷撃を受けた物体）に接近している場合や，2 m 以内の近接距離にいると，被害も大きくなる場合があるので，通常は，3 m 以上離れることが推奨されている[1]．

　人が 2 人並んで歩いているときや，大木の近くでは，背の高い方へ落ちる確率が高くなるが，運動場や，広場，海や川，砂浜などで

1 雷ってなぁに

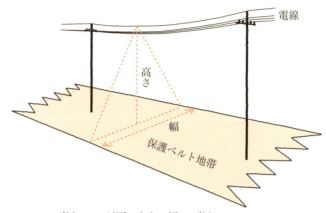

高さ 30 m 以下のとき：幅 = 高さ × 2
高さ 30 m 以上のとき：幅 = 60 m

図1・13　電線の下の保護範囲

は，人が散在していると人に落ちやすくなる．また，身長とは関係なく，誰に落雷するかは予想がつかなくなる．身を低くして早く逃げることが必要である．

　送電線や配電線，電話線など水平に伸びる電線があるときは，図1・13のように電線の真下から幅数 m が保護範囲となり，その部分には雷が落ちない．保護範囲の幅は，電線の高さが 30 m 以上のときは幅 60 m，30 m 以下のときは，幅は高さの2倍までである．また，高さが 5 m 以下の物体では保護範囲はなく，むしろ，雷を誘引するので遠ざかるべきである（3章3.2，図3・3も参照）．

(v) 雷雲の範囲・高低

　雷を起こす雲，雷雲は冷たい雨を降らせる雲である．夏では，特に背の高い雲が雷雲となる．気温が–10 ℃以下になる上層まで，水

1.5 どこに落ちるの

蒸気を含んだ空気が上昇すると，多量の霰や雹（カタカナで"アラレ"，"ヒョウ"と表記される場合も多い）が生成され，このあられやひょうは上昇気流に逆らって激しく落下する．このとき，空気の絶縁を破壊するのに十分な電気が発電される．この雲が雷雲である．夏の入道雲はこの代表で，発達期の雷雲である．あられ，ひょうは，気象学では冷たい雨と名付けられている．

雨，雪，あられ，ひょう，みぞれなどが落下する水や氷の粒子を総称して降水と呼ぶ．激しく降る降水はすべて冷たい雨となり，直径 1 mm〜5 mm の氷粒はあられ，5 mm 以上の氷粒はひょうとなる．雨滴は落下中に分裂するので 3 mm 以上にならない．この大きさの雨滴に働く重力では雷を起こすのに十分な電気を発電することができず，雷は発生しない．あられやひょうは，先に述べたように −10 ℃以下となる上層まで上昇し，充分な電気が発電されるので雷雲となる．

成熟期の雷雲は積乱雲（カナトコ雲）と呼ばれる．入道雲の上部，頂

入道雲が発達し，その頂上付近に積乱雲が広がる．その隣りに新たに入道雲が発生する．

図 1・14　積乱雲（カナトコ雲）と入道雲

1 雷ってなぁに

上付近にロート上の白い雲が広がっている．この部分は細かい氷の結晶（氷晶）になっており，その上部は横に水平に広がる．これが積乱雲である．この様子を図1・14に示す．これらの積乱雲の隣に，新たに入道雲が発生し，これが成長して，大きな雷雲の固まりとなって移動する．雷はこの下に落ちる．特に背の高い雲が雷雲である．

図1・5に示しているように，夏の雷と冬の雷は発生の様子が異なる．特に，雷雲の高さ，横方向への広がりが違うため，どこに落ちるかも違ってくる．夏の雷は雷雲が縦方向に伸びているため，雷が落ちる範囲は直下の狭い範囲に限られることが多くなる．これに対し，冬の雷は横方向の広がりが大きく，また，その高さも低いため，雷の落ちる範囲も広くなる．また，詳細は2.2，2.3で述べるが，冬の雷は高さが低いことと，雷雲が横方向に広がっていること，そのために，雷雲の正負電荷が両方とも横に広がって分布しているのが特徴である．したがって，地上の高い建物や木などから雷雲の方へ向かって，上向きの雷が発生し，落雷するということも多くなるという特徴をもっている．

1.6 エネルギーはどれくらい

雷のエネルギーはどれくらいだろうか？ 雷が落ちるとき，すなわち，落雷は電気の放電現象であるから，落雷のエネルギーは雲にたまっていた電気エネルギーが一瞬にして解き放されるものである．雷の電圧は非常に高く，雷の電力は莫大なものであるが，瞬間的なもの（雷の電圧がかかっている時間は約1万分の1秒，100 μs程度）であるので，エネルギーはそれほどではないといえる．雷の電力とエネルギーを計算してみよう．

1.6 エネルギーはどれくらい

電力 P は1秒間に発生または使用する電気エネルギーで，W（ワット）という単位で表される．家電製品では，蛍光灯などは10 W～30 W，熱を発生するものは比較的消費電力が大きく，電気ポットでは700 W～1 kW，エアコン，電子レンジなどでは1 kW前後になる．この電力をある時間使い続けると，その時間で合計した電力を「電力量」で表し，W·h（ワット時）という単位で表される．これが電気エネルギーである．

それでは雷の電力とエネルギーを計算してみよう．

雷の電圧は非常に高く，1 000 000 V（100万ボルト）以上の雷が多く発生する．最近では1億Vの雷が観測されたと話題になったこともある．電流は最大で100 kA（キロアンペア）流れるような場合もある．このような1億Vの雷電圧で100 kAの電流では，次の計算式のように，雷の電力 P [W]（ワット）は電圧と電流の積で10兆Wと巨大である．しかし，雷の時間は非常に短く，1～2 μs（マイクロ秒は100万分の1秒，10^{-6} s）の一瞬で高い電圧になり，約100 μs（100 μs，1万分の1秒，100×10^{-6} s）で終わってしまうものである．

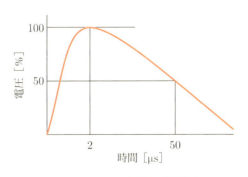

図1・15　雷電圧の波形例

1 雷ってなぁに

　雷の電圧の波形例を図1・15に示す．時間軸の単位はマイクロ秒（μs）と非常に短いのが特徴である．したがって，10兆W（10×10^{12} W）の巨大な電力 P をエネルギー E に換算すると，

$$
\begin{aligned}
電力：P &= 電圧 \times 電流 \\
&= 1億\,{\rm V} \times 100\,{\rm kA} \\
&= 10^8 \times 100 \times 10^3\,{\rm A} \\
&= 10 \times 10^{12}\,{\rm W} \\
&= 10兆\,{\rm W}
\end{aligned}
$$

$$
\begin{aligned}
エネルギー：E &= 電力 \times 時間 \\
&= 10 \times 10^{12}\,{\rm W} \times 100 \times 10^{-6}\,{\rm s} \\
&= 10^9\,{\rm W \cdot s} \\
&= 300\,{\rm kW \cdot h}
\end{aligned}
$$

と300 kW·h程度である．

　この電力量は，平均的な日本の家庭の約1か月分の電力使用量に相当する．

文献
(1) 日本大気電気学会刊行パンフレット「雷から身を守るには－安全対策Q&A」

❷ 雷の基礎

　雷は電気であり，放電現象であること，そして，雷のもとは雷雲の電気であることは1章の「雷ってなぁに」で述べた．

　では，どんな雷があるのだろうか？　それを知るには，雷雲のでき方と雷雲の成長を知ることが重要である．雷雲により雷の特性や特徴が変わってくるからである．雷雲のでき方をまとめてみよう．理解しやすいように，1章の内容，「雷ってなぁに」，特に1.2の「どうやって発生するの」，で述べたこととも一部重複する内容も記述した．

　地面などが強い日差しで暖められると，冷えた上空との間で温度差ができて空気の対流が起こるので，上昇気流が発生することになる．この上昇気流により上空で雲がつくられる．この雲は非常に細かい水滴から生じた「雲粒」と呼ばれる水や氷の粒子で構成される．

　一般に雲を構成する雲粒は，直径0.02 mm程度の非常に細かい水滴か，同程度の大きさの氷の結晶（氷晶）からできており，地上から吹き上げられる上昇気流により支えられて気中に雲として浮かんでいる．これらの中で，直径2 mm以上のある程度大きくなった水滴や氷粒などは，上昇気流の上向きの力より水滴や氷粒の下向きの重力が勝り，雨，雪，あられ，ひょう，などとなって落下するものも出てくる．

　降水の中には最大直径4 mm程度の雨滴があるが，これより大きなあられが多量につくられ，激しく落下するときに雷放電に十分な

2 雷の基礎

電気が発生する．また，あられができあがるとき，同時に細かい氷晶も発生し，電気的には細かい氷晶が正に，重いあられや大きな氷片は負に帯電する．

　上昇気流と重力のバランスにより，雲の上部には軽い氷晶が運ばれて正電荷が分布し，そのすぐ下にはあられの負電荷が分布する．この様子を図2・1に示す．あられは，空気に対して重力を受けるため急速度で落下しようとするが，上昇気流による持ち上げる力が同じ程度に働くため，雲内では一定の高さに正負の電荷が分離し，蓄えられることになる．ただし，粒子に帯電する電荷の符号については諸説あり，その仕組みはよくわかっていない．また，雲の中で水分を含んだ空気分子が互いに摩擦し合い，氷の粒同士がぶつかり合い，電気が発生し，莫大な電気エネルギーが充電されていく．

　このような現象が続いて雲が雷雲へと変化していくのである．特

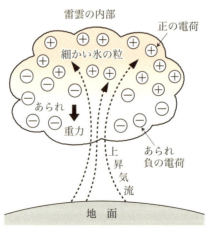

図2・1　雷雲内の雲粒の構成と電荷の分布

に，積乱雲は雷雲に発展しやすい雲である．積乱雲は上昇気流によって下から上まで高く伸びる対流雲である．鉛直方向に 10 km 以上の高さがあるため，その巨大な容積内で温かい空気塊の上昇気流と冷たい下降気流の空気塊がぶつかり，摩擦するために莫大なエネルギーが充電されて，積乱雲が雷雲へと変化していく．雷雲には次節以降に示すようにいろいろあるが，雲内で電気ができる過程は，基本的にはどの季節においても同じで，上記に記載のとおりである．

本章では，雷雲のでき方と雷雲の成長を知り，雷の種類と特性をいろいろな角度から眺めてみることにする．

2.1 どんな雷があるの

雷，特に，落雷は，夏だけに限らず，春や冬にも発生し，雷雨の強さや雷の特性，特徴も，季節ごとに違っている．また，都市部のヒートアイランド現象により，最近では，都市部の一種の人工的な気象変化が原因で雷が発生する「都市雷」という新しい言葉で表される雷も発生している．さらに，雷の発生状況を地球規模まで拡大してみると，昨今の地球温暖化の影響ともいわれているが，「雷の発生が多くなっている」という報告もある．そのほかにも「竜巻雷」，さらには，「火山雷」，また，宇宙に向かって発生する「宇宙雷」，「太陽系惑星の雷」など雷は多彩である．

日本全国各地の中で，年間の雷発生日数が最も多いのはどこかわかりますか？ 日本で一番雷の多い都市は石川県の金沢市である．全国各地の気象台の観測に基づく雷日数（雷を観測した日の合計）の平年値（1981年～2010年までの30年間の平均値）によると，最も多い都市は金沢で，年間雷発生回数は42.4日である．気象台の観測点がある

2 雷の基礎

地点（都市）での雷の多い都市を，年間の雷日数の多い順に並べてみると，表2・1のようになる．これを日本地図上に展開すると図2・2のようになる．年間の雷日数が多いのは東北から北陸地方にかけての日本海沿岸の観測点である．

これは夏だけではなく，冬も雷の発生数が多いことによる．

では，どんな雷があるのだろうか．改めて，言い伝えなども含めていろいろな角度から雷をながめて，次のように大括りに分類してみる．

2.2 季節によって違うの

　　季節に注目した雷の分類：夏季雷，冬季雷，春雷，熱雷，界雷

表2・1　年間雷発生日数が多い日本の都市（全国各地の気象台の観測雷日数）

都市	雷日数（年間雷発生日数）の平年値 （1981～2010年までの30年間の平均値）
金沢	42.4
新潟	34.8
鹿児島	25.1
宇都宮	24.8
福岡	24.7
那覇	21.6
名古屋	16.6
大阪	16.2
高知	15.2
広島	14.9
東京	12.9
仙台	9.3
札幌	8.8

2.1 どんな雷があるの

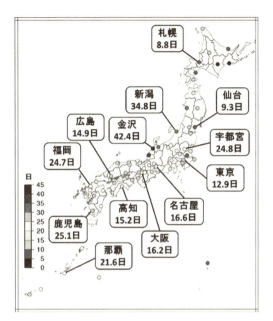

〔出典〕 気象庁ホームページ「雷の観測と統計」
http://www.jma.go.jp/jma/kishou/know/toppua/
thunder1-1.html

**図2・2 年間の雷日数（全国各地の気象台データに基づく雷日数：
1981～2010年までの30年間の平均値）**

2.3 上向きの雷があるの
　　雷の向きに注目した雷の分類：直撃雷，上向きの雷（地上の物体から雲の方へ向かう上向きの雷，お迎え放電）
2.4 自然災害・事故に関連した雷があるの
　　地域，地形および災害に注目した雷の分類：都市雷，渦雷，火山雷，爆発雷，竜巻雷，火事雷

2　雷の基礎

2.5　宇宙にも雷があるの
　　地球，宇宙規模に注目した雷：宇宙雷（宇宙へ向かう雷），太陽系惑星の雷
2.6　直撃しなくても被雷するの
　　雷によるいろいろな被害に注目した雷：直撃雷，側撃雷，誘導雷，逆流雷

　このようないろいろな雷の種類と特徴について，それぞれ次にまとめる．

2.2　季節によって違うの？

(i) **季節に注目した雷の分類：夏季雷，冬季雷，春雷，熱雷，界雷**

　雷が多いのは夏それとも冬？　人々はどのような感覚をもっているのだろうか．国によっても，また，日本でも地域によって違っているかと思われる．気象庁が発表している雷監視システムによる雷の検知データから，「雷検知数の季節的特徴」として2007年の1年間の月ごとの対地放電，雲放電の雷検知数を図2・3にまとめる．

　雷検知データから日ごとに全国の放電数を集計し，月別に平均値を求めたものである．対地放電，雲放電ともに，放電数は8月が最も多くなっており，12月～2月の約100倍になっている．また，対地放電に対する雲放電の割合（雲放電／対地放電）をみると，冬は対地放電と雲放電の比率はほぼ同じ（1：1程度）であるが，夏は対地放電1に対して雲放電が5程度と最も雲放電の割合が多くなる．

　気象庁の発表データ「月別雷日数の平年値」によれば，全国の観測点52箇所の雷観測地点の平均では，最も雷の多い月は7月～9月で，8月が最も多い．しかし，各県ごとにみてみると，雷が多い季節が

2.2 季節によって違うの？

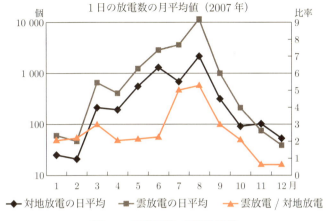

図2・3　雷検知数の季節的特徴

地域により異なることがわかる．雷の多い月に地域性があるのである．月別の雷日数をみると，宇都宮のような内陸部では夏に多く，金沢のような日本海側の地方では冬に多くなっている．両県の月別の雷日数の平年値（1981年〜2010年までの30年間の平均値）を図2・4，図2・5に示す．

夏の雷．夏季雷が多いのは太平洋側の各県で，最も多いのは栃木県宇都宮市である．日本の夏に雷が多く発生する地方は，北関東地方，中部山岳地帯，奈良盆地，北九州地方，南九州地方といわれている．

これに対し，冬の雷．冬季雷が多いのは日本海側の各県で，最も多いのは石川県の金沢市である．そして，福井県，富山県がこれに続く．12月から1月にかけて，東北や北陸地方の日本海沿岸で雷が多く発生している．すなわち太平洋側では夏に雷が多く，日本海側

2 雷の基礎

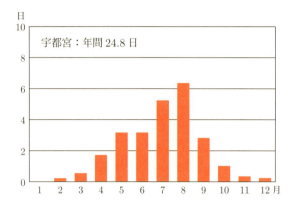

図2・4　月別の雷日数の平年値（1981年～2010年の平均値）
－宇都宮（平均年間24.8日）

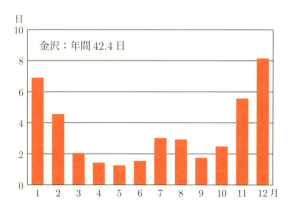

図2・5　月別の雷日数の平年値（1981年～2010年の平均値）
－金沢（平均年間42.4日）

2.2 季節によって違うの？

では冬に雷が多いといえる．また年度ごとの雷日数に対しては，夏の雷が最も多い宇都宮市で，ほぼ年間20〜30回のうち，夏の雷（6〜9月）は平均約8回である．これに対し，冬の雷が多い金沢市では年間40回から70回で，冬の雷（11〜2月）は平均約25日である．日本海側の方が，そして冬の雷の方が，雷日数が多いという統計的データが気象庁データよりわかる．

夏の雷と冬の雷で電荷の分布，雷雲の高さなど特徴が大きく違うことは1.2を参照のこと．さらに春の雷も異なる特徴を有している．

季節による雷の特徴をまとめる．

(1) 夏の雷雲，夏季雷の特徴

夏の雷雲は背丈（鉛直方向高さ）が8 000 mから16 000 mと，10 km以上の高さがある積乱雲である．その巨大な容積内で暖かい空気の固まり（空気魂）の上昇気流と冷たい下降気流の空気のかたまりがぶつかりあい，摩擦しあって，莫大なエネルギーが充電されて雷雲へと変化していく．これに対し，冬の雷雲はその背丈が4 000 mから6 000 mくらいと低いうえに，地上からの高度も低いのが特徴である．ただし，雲内で電気ができる過程は基本的にはどの季節においても同じである．

図2・6に夏の雷雲の電荷，高さ，温度分布などの概要図を示す．高度は季節に関係なく気温で決まる．一般に夏の雷雲は高度が高くなる．雲の内部では，あられや細かい氷の粒がお互いにぶつかりこすれあい，帯電し，雲の上部には正の電荷が，下部には負の電荷が帯電した粒子が分布する．

夏の熱帯性低気圧や，これが台風に発達した場合に，雷が多く発生する．中でも，暑い日の午後から夕刻にかけて雷が多く発生することがわかっている．これは午後3時頃，最も地表が暖められ，地

2 雷の基礎

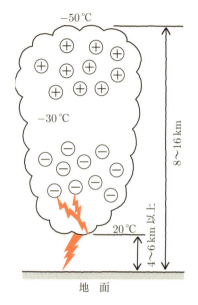

図2・6 夏の雷雲の電荷，温度分布と高さ

表と上空の間で温度差による空気の対流が起こり，雲粒の衝突を活発化することが原因であるとも考えられている．

夏季雷の特徴をみてみよう．

雷放電は大きく分けて，

① 雷雲内の雷（雲内放電または雲間放電と呼ばれる）
② 大気中の雷（落雷），すなわち，地上，大地まで到達する，いわゆる落雷といわれる放電

の二つに分類される．

図2・7に夏の雷の特徴を示す．②の夏の落雷の特徴は，(a)に示すように，最初に雲底付近の負電荷から弱い放電が始まり，負極性雷

2.2 季節によって違うの？

(a) 下向き雷（落雷）

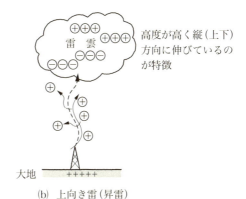

高度が高く縦（上下）方向に伸びているのが特徴

(b) 上向き雷（昇雷）

図2・7　夏の雷の特徴

と呼ばれる落雷である．引き続き，目に見える強い稲光となることもときにはあり，雷撃と呼ばれている．落雷過程で，大電流を伴う放電になっている．リーダと呼ばれ，下向きの雷である．このとき，目には見えないものの電流は地面からその落雷した通路を雷雲の方へ駆け上っているのである．また，高い建物や木があるときや，周

2 雷の基礎

りに高いものがなくても傘などをさしている場合などでは，(b)に示すように，建物などの先端から静電誘導現象により正の電気が現れて，雷雲に向かって正極性リーダが発生する．このような場合，上向きの雷が発生する．「上向き雷」と呼ぶこともある．

また，夏の雷撃では一度に何回も落雷する「多重雷撃」が発生することや，大電流が流れる雷撃が数回から10回を超えて発生することもある．

このような夏の雷の代表的なものが「熱雷」である．雷には大きく分けて，太平洋高気圧に覆われた中で発生する「熱雷」と，寒冷前線などの接近，通過で発生する「界雷」の2種類がある．熱雷は太陽の強い日射によって地面が熱せられ，上昇気流が発生することにより大気が不安定になり，雷雲が発生することによって起こるものである．界雷は夏だけに発生するものではなく，季節の変わり目などに

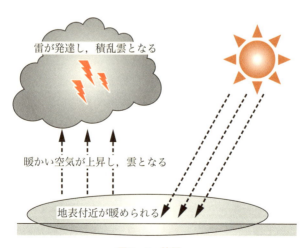

図 2・8　熱雷

2.2 季節によって違うの？

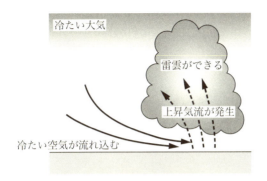

図2・9　界雷

よく発生する．冬の日本海側，特に北陸地方では冬のはじめに多発して発生することが多い．

(2) 冬の雷雲，冬季雷の特徴

　冬の雷雲は夏の雷雲に比べ地表と雲底の間の距離も2 000 mから3 500 mと低く，また雷雲自体の背丈も4 000 mから6 000 mと低いのが特徴である．ただし，地表の温度も低いので，高度が低くても雲があられを発生して雷の電気をつくることができる．また，雷雲の背丈が低いことと，上昇気流が弱いので，横向きの気流により図2・10のように帯電した雷雲が横方向に押し潰されたような形になることが多い．このようなことから，冬の雷は下部の負の電気を大地に放電する場合と，上部の正の電荷からリーダが伸びて放電する場合の両方がある．

　さらに，日本では，冬の気圧配置は，西には冷たいシベリア高気圧があり，東の太平洋上では低気圧になっているという，典型的な西高東低の冬形となることが多い．このような冬形の気圧配置の時は，日本海側に雷雲が発生することが多くなる．このような冬の雷，

2 雷の基礎

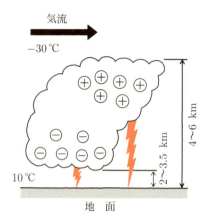

図2・10 冬の雷の特徴（冬の雷雲の電荷，温度分布と高さ）

冬期雷の特徴は，図2・11のように，雷雲内の正や負の両方の電荷からリーダが伸びていく，負極性の雷と正極性の雷が両方ともに発生することがあることである．また，雷雲の高度が低いことから，高い建物や鉄塔などがあると，特に上向きの雷が多く発生することがあるのが特徴である．北陸地方や日本海側では，発電所や変電所をはじめとした，冬の避雷対策が重要となる．

冬の日本海側，特に北陸地方では冬の初めなどの季節の変わり目に多発する雷が「界雷」である．界雷というのは，異なった気団との境で発生する雷である．そのため，夏に限らず，季節の変わり目に発生することが多くなる．そのため，冬にも発生するのである．寒冷前線の接近，通過に伴う前線付近での雲の発達により発生するものである．前線では寒気と暖気がぶつかって上昇気流が生じる．寒気は密度が高いため，寒気が暖気を押上げることになる．暖気は上空で冷やされ雲が発生し，さらに雷雲に発達する．これが界雷であ

2.2 季節によって違うの？

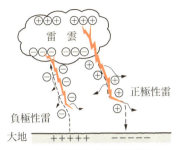

(a) 下向き雷（落雷）

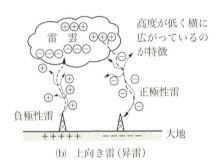

(b) 上向き雷（昇雷）

図 2・11 冬の雷の特徴

る．界雷は前線の通過に合わせて移動する．

冬になると，日本海側ではシベリア気団による季節風によって海上に雲が発生する．その雲は日本海を横断するときに低空に雷雲を形成する．雷雲が低空で形成されるため，山間部や平野部でも，高い建物，鉄塔などがあると集中的に雷が落ちやすくなる．この冬期雷は日本，ノルウェーなど世界的には限られた地域で起こる珍しい気象現象である．

2 雷の基礎

(3) 春雷

3月初旬頃の春先に,はじめて吹く突風に「春一番」がある.気象庁では,「立春から春分までの間で,日本海低気圧が発達し,はじめて南寄りの強風が吹き,気温が上昇する現象」を「春一番」と呼ぶ.太平洋側の広い範囲の地域でよく起きる現象である.この春一番は日本海低気圧に伴う寒冷前線が東へ通過するときにさらに激しくなり,突風や,竜巻,雷(春の雷なので「春雷」と呼ぶ)を伴う.この「春雷」は寒気団と暖気団がぶつかる境界領域(前線)で起きる激しい上昇気流によって雷雲ができるために発生し,強力な雷である.このような前線付近で発生する雷を「界雷」という.次に説明する.

(4) 熱雷と界雷

雷には大きく分けて,太平洋高気圧に覆われた中で発生する「熱雷」,寒冷前線などの接近,通過に伴って発生する「界雷」の2種類がある.

夏の雷の代表的なものが「熱雷」である.熱雷は太平洋高気圧に覆われた蒸し暑い日に起きる.太陽の強い日射によって地表が熱せられて地面近くの空気が暖められて軽くなり,上昇気流が発生して大気が不安定になり,雷雲の発生につながる.これが「熱雷」である.地面が熱せられると,海から陸に向かって海風が吹く.海風は陸地の奥,そしてやがて町まで入り,山地の傾斜に従ってさらに上昇気流となる.この上昇気流により雷雲が発生し,山岳部や内陸部で雷雨が多く発生することになる.

一般的に熱雷による雷雲は30分から1時間ほどで消滅するが,周辺では発生・発達・消滅を繰り返すので,近傍で雷が多く発生するのも特徴の一つである.

先の(3)の春雷でも述べたように,空気の温度が異なる集団である

2.2 季節によって違うの？

境界線である「前線」付近では，雷が発生しやすく，これを「界雷」と呼ぶ．季節の変わり目によく発生する．温暖な気団と寒冷な気団が接する部分で寒冷前線，温暖前線となる．この二つの前線付近では寒気が暖気を押し上げる．または暖気が寒気の穏やかな傾斜面に沿って上昇して雷雲が発生することもあり，図2・12に示すように，これを「界雷」と呼ぶ．冬の日本海側，特に北陸地方では冬のはじめに多発する．

暖気が寒気にもち上げられる形で上空に行くと，上空で空気が冷やされ雲が発生し，さらに発達して雷雲となる．こうした「界雷」は前線の通過によって移動するため，移動スピードが速いものが多いが，なかにはゆっくりしたものもあり，その場合，広範囲で激しい雷雨をもたらす．温暖前線による雷と寒冷前線による雷がある．

界雷の中で，温暖前線による雷は次のようにして発生する．寒気団は冷たい空気の集団であり，この表面を暖かい空気の集団（暖気団）が滑るように登っていく．このときに乱層雲と呼ばれる雲が発生する．この乱層雲は比較的低い高さにできる雲で，雲の底辺は地上から2 000 m程度，高い部分でも地上から4 000 m程度である．この乱層雲ができる際に暖気団が寒気団の上を滑るように登っていくため，その摩擦で，雷の電気が発生して雷雲が起きやすくなると考えられる．比較的低い雲からの雷である．

界雷の中で，寒冷前線による雷は次のようにして発生する．暖気団の低い部分に寒気団が勢いよく滑り込んでできるため，暖気と寒気が強く混ざり合うことが予想される．そのため，暖気は寒気によって押し上げられて上昇気流が発生する．この上昇気流のために上空に巨大な雲ができ，この雲は積雲から発達した雄大積雲（入道雲）や積乱雲である．これらの雲は雲底の高さは1 000 m程度であるが，

2 雷の基礎

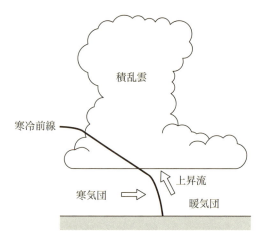

(a) 寒冷前線によるもち上げ

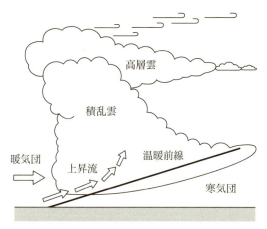

(b) 温暖前線によるもち上げ

図2・12　界雷

雄大積雲の頂上は地上から7 000 m程度，積乱雲では12 000 m程度にもなる．これらの雲の下では，雷やひょうなども激しくなる．雷の電気も暖気団と寒気団の相対速度が大きいため，比較的大きな発電量となる．

　実際の雷雲は複数の原因が重なって発生するため，「熱的界雷」が発生することが多くある．日射によって地面近くの空気が暖められ，上昇気流が起こり，熱雷が発生しそうなところに冷気が接近し，暖気を押し上げることにより上昇気流が一層激しくなって発生することも多い．夏の雷雲はこの「熱的界雷」に属するものも多い．「熱雷」と「熱的界雷」を含めて，夏季雷と呼ぶことが多い．

2.3　上向きの雷があるの

　雷にはいろいろな雷があるが，雷雲の中の電荷により，プラスもあればマイナスの電荷もあり，またマイナスの電子ももっている．図2・7，図2・10，図2・11参照のこと．これらが大地との間で放電するのが雷であり，落雷である．雷雲から大地や建物に向かって樹木のように枝分かれして進むのである．この枝分かれして進む放電はステップトリーダとも呼ばれているが，途中休止し，いろいろな方向に枝分かれして大地の方へ放電が進んでいくのが特徴である．このステップトリーダが大地に到達したのち，大地側から雲に向かって，このステップトリーダの通り道を逆に登っていくように上昇していく．このときに，その雲から地上へのステップトリーダよりさらに強い発光を伴った太い雷撃が駆け上っていく．これを帰還雷撃（リターンストローク）という．われわれが目にする「上向き雷」である．

また，高い建物や鉄塔，高木などがある場合には，大地，すなわちこれらの高い建物から雷雲の方へ向かって，雷放電がステップリーダとして始まり，落雷する．特に冬の場合，雷の高さが低いので，上向きの雷がよく発生する．また，2.2(1)，(2)でも記載したように，夏の雷では，建物などの先端から上向きのリーダ，冬の雷では，高い建物や鉄塔などからの上向きの雷が多く発生することなど，「上向きの雷」がよく見られる．図2・10，図2・11も参照のこと．

2.4 自然災害・事故に関連した雷があるの

雷の発生には異常気象や地球温暖化に関連したものもあるといわれている．都市部における局所的な温暖化，ヒートアイランド現象が進んでいる．東京都心など一部の都市部では，通常の気候とは異なる異常気象が起きることがある．都市部に限らず，雷は自然の気象条件や自然災害事故に関連して発生することもある．ここでは特異な気象条件として，竜巻や火山の噴火，さらには爆発や火事などの事故に関連した雷についてまとめる．

(i) 都市雷

都市部特有の雷は，工場や家庭の空調設備に代表される電化製品の放熱が原因とも考えられている．夜中に周辺の大気が冷却されると，加熱されていた残留空気の固まりが温度差によって上昇気流となって上空へもち上げられ，雷雲となることがある．一種の「都市雷」と考えられる．東京，ニューヨーク，パリなど世界の人口100万人以上の大都市では，気温上昇とそれに伴う雷日数の増加に相関関係があるといわれている．都市部の気温上昇による都市雷の発生が生じてきているのは確かなようである．

(ii) トリガード落雷

また,大都市の高層ビルへの落雷,まさに高層ビルゆえに,高層ビルの避雷針に誘引されての落雷,避雷針がトリガーとなっての落雷も多くなっている.避雷針が雷を誘引したのだが,雷を吸収しきれず,逆に建物が雷の被害を受けてしまうのである.いい換えると,一種の人為的な原因で起きる落雷で,これを,「トリガード(triggered,引き金となった)落雷」と呼ぶこともある.さらに,高層建物やタワーの先端を直撃するだけではなく,その下部や側面への側撃雷が発生することにも注意を要する.建物の高さが100 mを超えると,雷雲から大地に向かって発生する雷(自然雷)より,建物の先端から雷雲に向かって上向きに始まるトリガード落雷が多くなる.特に日本海側で発生する冬季雷において多くみられる.

(iii) 渦雷,竜巻雷

異常気象であり,自然災害である竜巻は,台風の接近や,寒気と暖気が衝突する前線の近傍で発生しやすい激しい空気の大渦巻であ

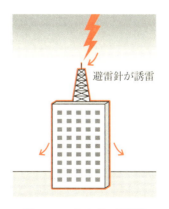

図2・13 トリガード落雷

2 雷の基礎

図2・14　渦雷，竜巻雷

り，ときに雷雨を伴う場合がある．このときの雷を「渦雷（うずらいとも呼ばれる）」もしくは「竜巻雷」と呼ぶ．高速に回転する竜巻による気流が，周囲の大気と摩擦して電気を発生し，雷放電を起こすものと考えられている．

(iv) 火山雷，火事雷

活火山の噴火の際に放出されるマグマや噴煙にまぎれて，放電が発生することがある．そのときの発光が雷放電の稲妻に似ていることから「火山雷」と呼ばれている．北海道の有珠山や伊豆諸島の三宅島雄山，九州鹿児島の桜島などでの「火山雷」の発生，1991年桜島の噴火観測の際の「火山雷」発生の報告がある．また，昭和新山の誕生のとき（1944年），噴火の際に「火山雷」を伴ったとの記録がある．噴火の上昇気流が噴煙粒子と摩擦して，雷雲を発生しやすいことなどが原因であろうと考えられる．火山の噴火では，水蒸気，火山灰，火山岩などがぶつかって電荷を帯びやすく，通常の上昇気流よりも帯電した粒子を多く含んでいることが予想され，放電も発生しやすいので，落雷が発生しやすくなるのであろうと考えられている．

例は少ないが，火事による噴煙，特に山火事など大きな火事の場

2.5 宇宙にも雷があるの

図 2・15 火山雷

合に，噴煙に起因して「火事雷」が発生することがある．原因は「火山雷」と同様であると考えられている．

(v) 爆発雷

核爆発は地上の砂や岩石を一瞬のうちに吹き上げる．これらは互いにぶつかり合い，砕けながら上昇する．このとき，これらの砕けた粒子は帯電し，雷を発生させる．核爆発による「爆発雷」である．

2.5 宇宙にも雷があるの

宇宙にも雷があるのだろうか？ スペースシャトルなどの観測からも，宇宙での放電現象が観測されている．高度 20 km から 100 km の成層圏，中間圏，熱圏で，放電による発光現象，「超高層雷放電」が発生している．「高高度放電発光」，「中間圏発光現象」などとも呼ばれる．通常の雷雲のさらに上空，高度約 90 km の熱圏と呼ばれる

2 雷の基礎

希薄な大気の領域でも,絶えず,放電が起こっていることも観測されている.最初に観測されたのは,1990年頃である.

図2・16に宇宙の雷を示す.高度の高い方向へ発生する雷はスプライト(Sprite)と呼ばれる.主に赤系統の色をしているので,レッドスプライト(Red sprite)とも呼ばれる.スプライトは妖精を意味する用語である.スプライトは主に中間圏付近(地上から50 km付近から85 km付近まで)で見られるが,もっと高いところまで到達するものもあるとのことである.

そのほかにも,宇宙の雷にはいくつかの種類が存在する.雷は雷雲から大地に向かって発生するが,宇宙に向かって放電する雷もあ

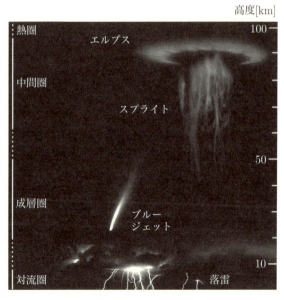

図2・16　宇宙の雷

るのである.これらは超高層雷放電としてまとめられることもある.列挙すると,次のようなものである.

① エルブス（elves）

　中間圏上部や熱圏下部で見られる.水平に広がる発光で,電離層とも関係していると考えられている.エルブスは妖精を意味する用語.

② ブルージェット（blue jet）

　成層圏上部付近で見られる.青系統の色で,細長い形をした筋状の発光を放つ.雷雲から上に伸びるため,「上向きの雷」とも呼ばれる.

③ ブルースタータ（blue starter）

　ブルージェットに先だって現れることがある発光.成層圏下部に見られる.

④ 巨大ジェット（gigantic jet）

　成層圏から中間圏にわたって延びる「巨大ジェット」と呼ばれる,雲から上向きに放たれる電光.

2.6 直撃しなくても被雷するの

雷が直撃しなくても,いろいろな被害を受けることがある.

なお,雷雲から地上に向けて直接落ちる（発生する）落雷を「直撃雷」というが,直撃する落雷物体は金属だけに限らず,地面や木,建物,河川等,電気を通さないもの,通しにくいもの,果ては人間にも直撃する.また,高い建物や木などの側面に落雷することもある.これを「側撃雷」という.側撃雷には,大木などに落雷した雷が枝分かれして,近くの建物や人にさらに落雷することもある.これ

2 雷の基礎

も「側撃雷」であり、思わぬ大被害をもたらすことがある.

(i) 雷の直撃(直撃雷)による直接的な被害

雷の被害の形態は、落雷で雷放電による電流が物体を流れることにより生じる被害だけではなく、落雷した際、その付近の電線や電話線が電磁界の影響を受けて高い電圧や大きな電流を生じ、電気機器を故障させることがある. 図2・17(b)に示すような直撃雷による逆流雷である. これらは、直撃ではないものの、"雷の直接的な被害"として扱われる. また、電力設備や通信、放送設備への雷撃(停電、停波)、鉄道、交通施設への雷撃(不通)により、インフラが機能しなくなる被害は"雷の間接的被害、二次的被害"として取り扱われる.

(ii) 側撃雷による被害

高層建築物は低い建物に比べて雷を誘引しやすいものである. そのため、避雷針が設けられているが、雷が近づいたとき、必ず、避雷針に落雷するとは限らない. 高層部の側面に向かって落雷することも発生する. これを「側撃雷」と呼び、高層の建物やタワー、大

(a) 直撃雷

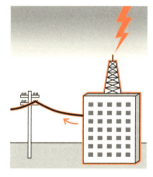
(b) 逆流雷

図2・17　直撃雷

2.6 直撃しなくても被雷するの

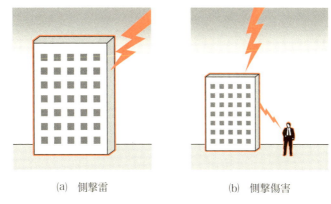

(a) 側撃雷　　　　　　　　(b) 側撃傷害

図 2・18　側撃雷

木などで認められる．高層部の先端に落雷（直撃）した雷がさらに下部の側部に落雷することもある．側撃雷の威力，パワーも「直撃雷」とほとんど変わらない．

特に人が雷により傷害を受けることが多く，注意を要するのは，「側撃傷害」である．人体が落雷を受けた樹木や建築物などの物体（他の人体やボールなども）に，接触，あるいは近くにいると，受雷した物体から人体に，枝分かれしたりして，二次的に放電して，傷害を受けることがある．これも，「側撃雷」による傷害という．大木の下で雨宿りし，雷をよけていたつもりが，木に雷が落ち，その下の人が被雷するといった事故がよく発生する．これも代表的な「側撃雷」による傷害である．樹木の場合には，木の幹や枝から雷が飛び移ることがあるため，木の高さに関係なく木から離れるべきである．樹木からは 2 m から 3 m 以上は離れるべきである．

iii　誘導雷サージによる被害

一方，どこかに落ちた雷の電気（電磁波）が電話や電話線を通じ

2 雷の基礎

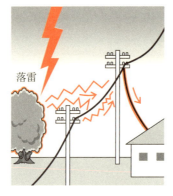

図2・19 誘導雷

て，さらには空中を飛び交って，電気機器を壊してしまうこともある．特にコンピュータやパソコンなどで被害が多くなっている．電話，FAX，テレビなどでも被害が報告されている．これは，「誘導雷サージ」による被害である．

雷が直接電気製品に落ちなくても，近くに雷が落ちたり，雷鳴が響いているだけで，電気製品が壊れたり，停止したりすることが，昨今，頻繁に起こるようになった．特に，パソコン，FAXや，マイコンなど電子部品を搭載した電気機器などでは誤動作や故障，停止することが多い．

近年，一般家庭では，パソコンの使用，インターネットへの接続が多くなっているので，電源線はもとより，インターネット接続のための電話線やLANケーブルが接続されている．したがって，雷が落ちたときや，大きな稲光の際に，その周辺に張り巡らされている配電線を通じて，大きな電圧，電流が電源線に入り込む．さらに，電話線，アンテナ，さらには接地線などから，大きな電圧，電流の

2.6 直撃しなくても被雷するの

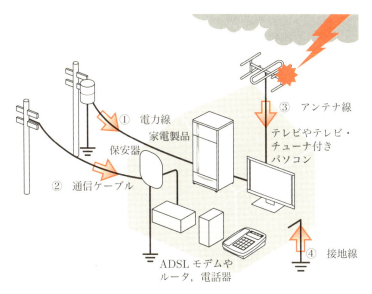

図2・20 誘導雷サージによる被害

「誘導雷サージ」が入り込むことの影響も大きい．しかも，この「誘導雷サージ」は非常に急しゅんな電圧，電流波形となっているのが特徴である．

この「誘導雷サージ」が入り込んでくる箇所は，

① 電源線
② 通信線（電話線）
③ アンテナ線
④ 接地線

の4箇所がある．

誘導雷サージが電源線から入り込んできた場合，パソコンを通って電話線へ抜けていく通り道ができるため，他の電気機器より影響，

2 雷の基礎

被害が出やすくなっている．

　電源線以外の線がつながっている電気製品の例とは次のようなものがある．

① 通信線（電話線）が接続された電気機器：FAX，パソコン，多機能電話，など
② アンテナ線が接続された電気機器：テレビ，ビデオ，など
③ 接地線が接続された電気機器：エアコン，給湯器，など

　これらに加えて，最近では家庭用，事務用電気機器では，マイコン制御された電気製品も多くなっており，これらは，「誘導雷サージ」により，少し過大な電圧が入力すると，誤動作，故障が多く発生しがちである．

　このような「誘導雷サージ」による被害を防ぐためには，図2・21に示すような避雷器（Surge Protective Device：SPD）を取り付けることが有効である．

　また，雷雲間での放電が原因となって発生する「誘導雷サージ」もある．上空に二つの雷雲が接近して浮かんでいる場合，雷雲が正の電荷の層と負の電荷の層の間で雷放電，「雲間放電」を起こすと，急しゅんな雷電磁波が発生する．すると，地上の電力線や通信線上に貯まっていた電荷がバランスを崩し，結果として，電荷がサージとして電力線や通信線の両端方向に流れ出すことになる．これも，「誘導雷サージ」であり，雲の近傍，下部での建物や内部の電子機器にも影響を及ぼすこととなる．

　このように，誘導雷による被害は，直撃雷や雲間放電などが発生した際に，同時に発生する誘導電磁界が原因となっている被害が多くなっている．「誘導雷サージ」は電圧，電流波形が雷電圧に比べ，さらに急しゅんとなっていて，印加される時間（波形）が非常に短い

2.6 直撃しなくても被雷するの

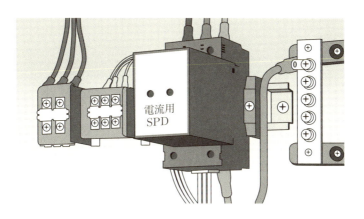

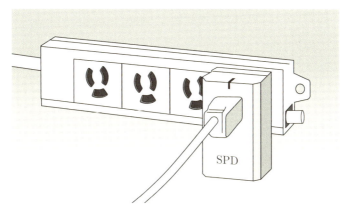

図2・21 避雷器SPDの例

ため，電子機器などへの影響も大きくなる．

③ 雷の応用

3.1 雷が近づくのがわかるか

　雷の発生や近づくのがわかるだろうか．これには大きく次の三つが大事である．これらは雷の発生や接近の兆候を知るうえで一般的な方法であり，特別な装置，機器，専門的な方法を用いずに行う方法ではあるが，重要である．

① 雷注意報など天気予報の最新情報を入手すること．
② 目，耳で，雷の発生，接近を検知すること．
③ ラジオや無線機で雷電波を受信すること．

　これらのうち，①に記載したように，天気予報に注意しておくことがまず重要である．雷の予知で重要なことは，雷の接近を知ること と，雷が近づいてきそうなときは，いかに早く安全な場所へ避難するかということである．常に天気予報には注意しておき，雷発生の予報は最新情報を入手しておくことが重要である．

　夏場の雷雲のほとんどは，日中の気温の上昇などが原因で，午後から夕刻にかけて雷が多く発生するということを念頭においておくとよい．しかし，気象状況等によっては，早朝や午前中にも雷は発生することがある．最新の天気予報や気象情報を常に入手することが重要である．

　②に関しては，人間の五感を働かすこと，特に，目と耳を働かせることが重要である．入道雲のもくもくとした発達や，頭上の黒い

3 雷の応用

雲の広がり(暗雲がたちこめると雷雨が来る)などから，雷雲の発生，移動を観察すること．稲光の観察，雷鳴を聞くなどにより，雷の接近の兆候を観察することが重要である．

昔からの言い伝え，ことわざに，「鳴る腹は下る」というのがある．「人は，お腹をこわすと，お腹がゴロゴロといい(鳴り)，すると間もなく，下痢をする」．ことわざの意味としては，「いろいろなうわさが，そのうちに本当になる」という意味だが，これと同じように，「雲で雷がゴロゴロ鳴りはじめると，間もなく，雨が降りはじめ，落雷，雷雨がある」というものである．雷にもよく例えて使われるのである．

雷鳴の聞こえる範囲は約 10 km であるので，「ゴロゴロ」と雷鳴が聞こえると，十数 km 位のところに雷が来ているということである．雷雲の移動速度は時速十数 km 〜 40 km 程度になり，遠くで鳴っていると思っても，すぐに近付いてくるので，早めに避難することが重要である．

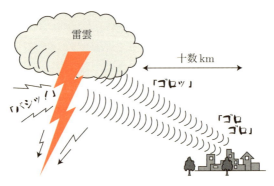

図 3・1　雷鳴

3.1 雷が近づくのがわかるか

　雷鳴がわずかに聞こえている場合は危険信号と考えることもできるわけで，雷鳴が聞こえはじめたら，できるだけ早く安全と思われる場所，建物の中に入ることが重要である．安全と思われる場所については後述する3.3などを参照してほしい．

　近くに建物などがないときは，雷鳴が聞こえたとき，安全と思われる場所に両足を揃えてしゃがみこむことである．そして，雷鳴がやんで途切れたとき，次の雷鳴が聞こえるまでの間に，より安全な場所へ移動するということを，雷鳴が聞こえるときは安全姿勢をとり，雷鳴が途切れるごとに少しずつ移動を繰り返して，避難してほしい．

　雷の音（雷鳴）と光（稲光）で雷の距離を知ることも重要である．光の速さの方が音の速さより早いので，稲光が光って，雷が鳴るまでの時間が短くなると，雷が近づいていることになる．逆に，その間隔があいてくると，遠ざかっていることがわかる．音の速さは340 m/sであるから（それに比べると稲光，光の速さは無限大（3億m/s）で無限大と扱うことができる），稲光が光って数秒で雷鳴が聞こえれば，かなり近くに雷雲が来ていることになる．

　③のラジオや無線機を使う方法に関しては，空の視界が悪く，雷雲が観測できないときや，暗闇，夜間などに有効である．雷からは電磁波が発生している．雷が近づくとき，この雷からの電磁波，雷電波をAMラジオで検出しようというものである．

　AMラジオで，特に1 MHz程度の周波数領域で受信していると，50 km程度離れた雷を単発的なノイズとして検出できる．「ガリッ，ガリッ」と鳴る音が入ってくる．しかも，雷が近づいてくるとノイズの間隔が短くなり，音も激しくなり，かなり接近すると激しく連続的になる．雷が近づいているので，注意する必要がある．ただし，

3 雷の応用

FMラジオでは,雷の電磁波とFM放送の周波数の帯域が違うので,雷電波は検出できない.また,ラジオによってはノイズ防止装置が付いているものがあり,雷の電磁波を検出できないものもあるので気を付けること.

さらに,少し,専門的になるが,雷の接近を予知する方法としては,この③の雷電波の受信をさらにきちんと検知するなどの応用技術で,

④ 落雷時に発生する電磁波を検知する方法
⑤ 落雷する前の電界の強さを検知する方法

がある.

④,⑤のように電磁波や電界の強さを検知することも多く利用されている.

④の電磁波を検知する方法は,③の雷電波を受信する技術を利用したものである.落雷があった場合,音,光,電磁波を発生し,なかでも,電磁波は非常に遠くまで伝わる性質がある.この雷による電磁波を検出するためのアンテナを複数の箇所に設置し,それらのアンテナで検出した電磁波から,落雷が起きた時刻や位置(場所),落雷の大きさを算出するとともに,雷の位置も推定しようというものである.すでに,数百km程度の範囲をカバーし,リアルタイムで分析して,雷の大きさ,進路予測などができるようなシステムが開発,実用化されている.

⑤の電界の強さを検知する方法は,雷雲と大地間の電界を測定することにより,雷の接近や雷の強度,大きさを予測するものである.雷雲と大地の間には電界が発生する.この電界が非常に大きくなると落雷が発生する.大地付近の電界を特殊なアンテナで測定し,雷雲の接近や大きさを予測するものである.

電界は雷雲が近づくと急激に高くなるので，雷雲の接近を予測できる．この電界測定による検知方式はゴルフ場やレジャーランド，公園などですでに雷警報装置として利用されている．

3.2 雷は避雷針で防げるか

1章最初に記載のように，ベンジャミン・フランクリンは「雷が電気である」ことを凧上げの実験からみつけた．さらに，フランクリンは，この凧上げの実験より前に避雷針をつくっている．ライデン瓶の実験で先の尖ったものを近づけると，放電することに気づいていたフランクリンは，1749年頃に避雷針をつくったといわれている．凧の実験を行ったのは1752年である．フランクリンは，凧の実験を行う数年前から避雷針について考えていたと思われる．

フランクリンは教会の塔の頂上に避雷針を設置してみることにしたが，教会側は「神意に反している，神を冒涜する」と，当初は強く反対したようである．フランクリンは，凧揚げの実験の翌年，1753年に避雷針を発明した．その後，フランクリンはフィラデルフィアの自宅の屋根に避雷針を立て，普及に努めたが，商売としては成り立たなかったようである．

上記のように，1749年頃に避雷針をつくっていたが，避雷針が実用化されたのは，凧揚げの実験で雷が電気であることを実証した後である．

避雷針は，当時，「フランクリンの棒」と呼ばれた．その後，まず，教会の塔の頂上に設置されたので，避雷針は教会の目印となった．当時，背の高い建物としては教会の塔であったようである．しかし，教会としては十字架より高く避雷針を立てるというのは受け

3 雷の応用

入れがたいことだったようである.

日本語では「避雷針」と書き,「雷を避ける」であるが,実際は,避雷針は「雷を呼び寄せ,吸収する,自らに雷を誘引する針」である.英語では,"Lightning rod"と表記されるが,日本語に訳す際,雷を呼び寄せるのは適切ではないと考えたから,「避雷」という用語にしたという説もある.ちなみに,「避雷器」は英語では"lighting arresters"や"surge absorber"であり,surge absorberは「雷吸収装置」である.これも英語では適切な用語であり,日本語としての用語,「避雷器」のことであるが,「雷を避ける」というわけではない.漢字の意味とは違い,「避雷器」は雷吸収装置である.

雷雲の発生状況,気圧配置などにより,雷雲はその移動の様子が異なり,落雷場所も特定できないことが多い.しかし,雷雲が近づいたときには,雷は高いところに落雷しやすい性質をもっている.この性質を利用し,建物には,建物より高くした避雷針を建てることが必要である.

避雷針は,図3・2に示すように,先端が針状となった避雷突針という受雷部とそれを接続する金属製の突針支持パイプで構成されている.

突針は銅製で表面をクロムめっきしてあり,直径12 mm以上で,先端からの長さは250 mmである.支持パイプは避雷導線により地中の接地電極につながって雷電流を流すようにしている.避雷導線は直撃雷を受けたとき,避雷導線の周囲に電磁誘導現象により発生する誘導磁界を打ち消すため,JISなどの規定では,避雷導線は2本以上取り付けるように定められている.また,そのときの避雷導線間の距離は最大50 m以内とすることが決められている.あまり離れすぎると,誘導磁界が打ち消すことができないからである.さら

3.2 雷は避雷針で防げるか

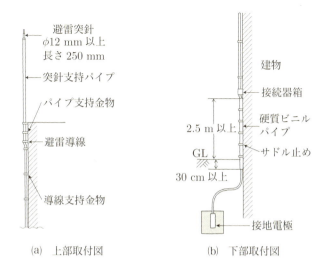

(a) 上部取付図　　(b) 下部取付図

図3・2　避雷針の取付図

に重要なことは，誘導障害や爆発などの被害を防ぐため，避雷導線は電灯線や電話線，ガス管などからは1.5 m以上離すことである．

避雷針の電線，避雷導線は大地に接続するとき，地面から0.5 m以下に設置した接地電極（電極面積0.35 m²以上）に接続する．避雷導線と大地との間の抵抗（接地抵抗と呼ぶ）は10 Ω以下とすることも建築基準法やJISなどで決められている．

一般に，避雷針により保護される範囲には限りがあり，従来は，「避雷針の突針から60度の範囲内は保護される」（保護角法）とされていた．この「保護角法」は，ドイツのホルツが提唱したものである．図3・3に避雷針の保護角と保護範囲の関係を示す．「一般建築物では保護角αは60度以下，火薬および可燃物性ガス・液体などの危険

3 雷の応用

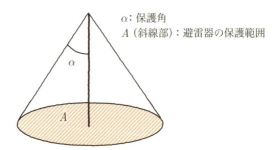

α：保護角
A（斜線部）：避雷器の保護範囲

図3・3　避雷針の保護角と保護範囲

物を扱う製造所，貯蔵所などの場合は少し狭くなり，45度とする」とJISで規定されていた．しかし，高さについての考慮がないなど，現在では，この保護角は，保護角内であっても広すぎて安全とはいいがたいとされている．保護角を考慮しても避雷針が雷を防ぎきれず，事故につながっていた．そこで，最近は「回転球体法」という考え方が導入されるとともに，高層建築物では，避雷針を建てても建物の側面への落雷の可能性があることが指摘されている．

「回転球体法」は，雷放電のリーダから稲妻へとつながるとの考えから，「リーダの先端を中心として半径 R の球を空間中に描くとき，その球内領域は落雷の範囲にある」と考えるもので，ドイツのシュバイガーにより提案されたものである．図3・4に示すように，避雷針先端に半径 R の球が接するように描くと，この円内（球の内部）は被雷する可能性がある（雷が落ちることがある），球体の外側は避雷領域（保護領域，雷が落ちない）と考えるものである．言い換えると，回転球体法は，二つ以上の受雷部，または一つ以上の受雷部と大地に接するように，半径 R の球体表面の包絡面から被保護建築物を保護範囲とする方法である．要するに，雷のリーダの先端が大地に近づ

3.2 雷は避雷針で防げるか

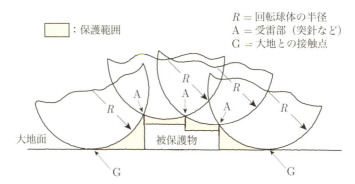

出典:「建築物等の雷保護Q&A」電気設備学会,2000年

図3・4 回転球体法による保護範囲[1]

いた状態を想定し,雷撃距離Rの半径の球が建築物の受雷部,大地に接する面が保護範囲になるわけである.図3・5に示すB,Cの部分は保護範囲である.建物の避雷針や角部など,被雷しやすい雷撃部(雷が落ちやすい部分)の配置によっては,図3・5に示すように,保護範囲外の部分(斜線部分D)が建物側面に生じることがわかる.

例えば,図3・4のように,建物の屋根の中央部だけでなく,端の方に避雷針を立てておくことにより,斜線部が保護範囲になり,建物は保護されると考えられる.都会の高層ビルなどでは,避雷針の配置を建物の側面にするなどの検討も必要になるといえる.このように,「回転球体法」は「保護角法」より予測の確実性,安全性は高くなった.しかし,「回転球体法」においてでも,雷のリーダの先端位置や放電半径なども正確には予測できないため,これだけでは避雷について万全であるとはいえないであろう.

3 雷の応用

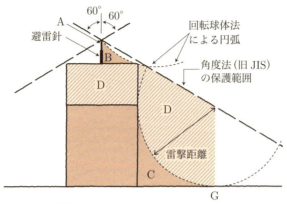

A：受雷部
B, C： ▨ 回転球体法による保護範囲外（新 JIS）
D： ▨ 回転球体法による保護範囲（新 JIS）
G：大地との接触点

図3・5　回転球体法による保護範囲(2)

(i) 避雷器により電気機器を落雷による故障から守る

　発変電所から送られてくる電気は，高圧送電線により送られてくる．そして，各家庭や工場に100 Vから400 Vに下げて配電され，電気機器がつながれて使用される．高圧送電線は安全離隔距離を確保するため，人や建物，木などに触れないよう，鉄塔上部に取り付けられているので，高いところにあり，直撃雷を受けやすくなっている．そこで，高圧送電線よりさらに高いところに，高圧送電線に沿って平行に1本導線を張り，その導線は鉄塔の下の地面に接地する構造としている．この上空に張った接地線を架空地線という．

　この架空地線は一種の避雷針の役割を果たすものである．高圧線

3.2 雷は避雷針で防げるか

や配電線への直撃雷を架空地線で受けて保護するが，直撃雷が送電線や配電線を経由して直接電気機器に侵入することがある．そこで，電気機器の直前には，雷からの過電圧や過電流の侵入を防ぐため，避雷器（アレスタ）を取り付ける．この直接雷による急しゅんな過電圧，サージの侵入を，避雷器の中で放電させて小さくし，電気機器を守るのである．また，避雷器は架空地線にも接続され，架空地線から大地に過電流を流さないようにしている．なお，避雷器と大地との間の接地抵抗は 10 Ω と決められている．

通信用回線や通信機器などの通信設備に対しては，保安器を取り付けて，過電圧や過電流から保護する．保安器は酸化亜鉛（ZnO）素子を用いたバリスタという半導体素子と避雷管（放電管）を内蔵したもので，急しゅんなサージを吸収する．避雷管は3極構造をしており，上部または下部の2極間でサージを放電させて吸収する．サージ波の前の部分をバリスタで吸収し，サージの後ろの部分を避雷管で吸収する．信号機用などにも用いられる．特に鉄道用保安器などにも用いられる．

家電製品を落雷による故障から保護するためには各戸の住宅の分電盤に，分電盤用の避雷器（SPD）を取り付けることで，電源から侵入する落雷による異常電圧を保護することができる．しかし，電話線やテレビのアンテナ線からの雷の侵入もあるので，テレビアンテナ用，電話・FAX用などの避雷器などで対策することも有効である．なお，電気事業法に基づく経済産業省令として制定されている，「電気設備に関する技術基準を定める省令」の自主規程である「内線規程」では，2005年の改訂により，住宅分電盤用避雷器の設置が推奨されるようになったという経緯もある．

3 雷の応用

(ii) 避雷器の種類と構造

(1) 各種避雷器の構造

　高圧配電線に用いられる高圧回路用避雷器には，内部にギャップをもった「ギャップ付避雷器」とギャップをもたない「ギャップレス避雷器」がある．図3・6にギャップ付避雷器とギャップレス避雷器の構成を示す．

　「ギャップ付避雷器」は避雷器の非直線性特性要素（素子）と直列に，二つ以上の電極に間げきをもたせて対向させたギャップを入れているので，電気回路に雷の急しゅん波が侵入すると，ギャップが放電して雷電流を大地に逃がす．そして引き続いて，その後，避雷器に流入する電流は避雷器特性素子で流れにくくして，ギャップの放電を停止させるものである．これを非直線抵抗特性といい，通常の状態では高抵抗で電流をほとんど流さず，雷の高い電圧では低抵抗となり，電流を流しやすくなるという性質をもつものである．

　非直線抵抗特性素子としては，以前は絶縁紙の両面に金属箔を貼り，巻き締めた「紙避雷器」（紙のPaperの頭文字をとってPバルブアレ

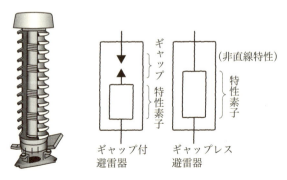

図3・6　ギャップ付避雷器とギャップレス避雷器の構成

スタ)や，炭化けい素(SiC)の粒を焼き固めた「SiC素子」が用いられていた．しかし，最近では酸化亜鉛(ZnO)を主成分としたセラミックスの「ZnO素子」が使用されている．

紙避雷器は雷インパルス電圧を受けたとき，絶縁紙の両面に貼った金属箔間で放電し，雷電流が流れた後の続流を放電による熱で絶縁紙から発生したガスで吹き消すというものである．SiC素子やZnO素子は，通常の状態では高抵抗，雷電圧のような高電圧では低抵抗になるという特性，非直線抵抗特性を示すものである．ZnO素子は非常に優れた非直線抵抗特性を有している．

「ギャップレス避雷器」は，特性要素に非常に優れた非直線特性をもつZnO素子を用い，ギャップを用いない避雷器で，「酸化亜鉛形避雷器」と呼ばれている．

高圧用避雷器の使用状況の変遷をみてみると，1950年頃から1990年頃はP(紙)バルブアレスタ，1960年頃から1990年頃はSiC(炭化けい素)バルブアレスタ，1970年頃から現在はZnO(酸化亜鉛)アレスタが主に使用されている．

(2) 各種避雷器の適用範囲，電圧，用途

高圧回路で使用される避雷器は，JIS規格(日本工業規格)やJEC規格(電気学会電気規格調査会標準規格)に準拠した避雷器が使用される．

主に次のとおりである．

① 発変電所用：ギャップレス避雷器

② 3.3 kV，6.6 kVの屋内用，配電線用：ギャップ付避雷器

③ 6.6 kVを超える配電線用：ギャップレス避雷器

低圧回路で使用される避雷器についても国際規格IEC規格を準拠してJIS規格が制定され，サージ防護デバイスSPD(Surge Protective Device，雷サージから保護する部品)と呼ばれる避雷器が用いられるよ

3 雷の応用

うになった.

サージ防護デバイスSPDの種類として次のように三つにクラス分けされている. それぞれに用いられる避雷器は次のとおりである.

① クラスⅠSPD

建物への直撃雷に対応して, 低圧回路への引き込み口やキュービクルの二次側などに使用する.

　　……ギャップレス避雷器, ギャップのみの避雷器

② クラスⅡSPD

誘導雷に対応して, 低圧分電盤などに使用する.

　　……ギャップレス避雷器, ギャップ付避雷器

③ クラスⅢSPD

電気機器保護に使用する.

　　……ギャップレス避雷器, ギャップ付避雷器

そのほかに, 鉄道用の避雷器としては,

④ 直流および交流の電車線路(き電線)

　　……ギャップ付避雷器, ギャップレス避雷器

⑤ 電車車両

　　……ギャップレス避雷器

などがある.

3.3　ゴム製品は雷を通さない―だから安全？

雷には, 電気を通しやすいもの, 通しにくいものなどはあまり関係がないことを覚えておくといい. 電気の通しやすさは抵抗率といい, 電気の通しやすいものから通しにくいものを並べると図3・7のようになる.

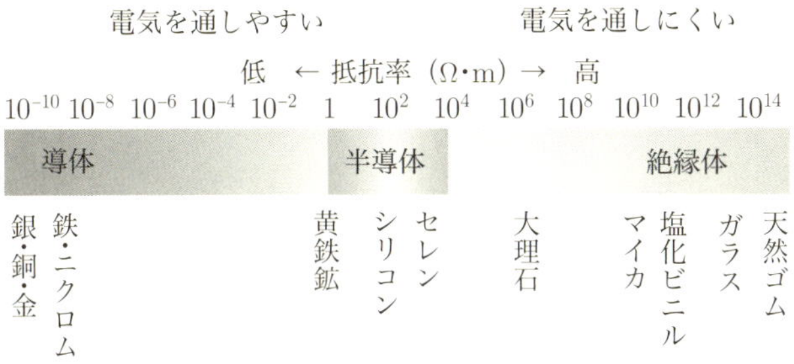

3.3 ゴム製品は雷を通さない—だから安全?

電気を通しやすい　　　　　　電気を通しにくい
低　←　抵抗率 ($\Omega \cdot$m)　→　高
10^{-10}　10^{-8}　10^{-6}　10^{-4}　10^{-2}　1　10^2　10^4　10^6　10^8　10^{10}　10^{12}　10^{14}

導体	半導体	絶縁体
銀・銅・金　鉄・ニクロム	黄鉄鉱　セレン　シリコン	大理石　マイカ　塩化ビニル　ガラス　天然ゴム

図3・7　抵抗率

　雷は電気であるが,通常は電気を通しにくいものでも,雷は高いものに落ちやすい.すなわち,3.1でも記載したように,雷は高いものに落ちやすいと覚えておくといい.もちろん,同じ高さであれば,金属や水に濡れたもの,電気を通しやすいもの("導体"という)とゴムや木など電気を通しにくいもの("絶縁体"という)が並んでいた場合には,電気の通りやすいもの,つまり導体に雷は落ちる.

　雨の日,雷が近づいてきても,レインコートを着てゴム製の長靴を履いていれば落雷を防ぐと思われるかもしれないが,高層ビルの屋上などにいた場合,これらは全く効果がない.気を通しやすい,通しにくいはそれほど関係がないのである.

　また,金属製のアクセサリーなどを身につけていても,メガネをかけていても,このような小さな金属類を身につけていてもあまり関係はない.落雷を引き寄せるのは人が身につけている金属ではなく,地上から突き出ている人体そのものである.ピックルやゴルフ棒,釣竿など,ものが身体より高く突き出ていると,金属,非金属にかかわらず,落雷を引き寄せる確率がさらに高くなる.雷が近く

3 雷の応用

に来たとき，身を守るには，できるだけ，身を低くし，丸くなってかがむことが重要である．

　また，雷鳴が聞こえてきたら，なるべく，建物の中に入ることを心がけるべきである．車の中へ逃げ込むのもいい（図3・8）．落雷に対して，最も安全なところは金属で囲まれた空間の内部である．

　専門用語で，ファラデーケージ（ファラデーの籠）という言葉もある．この籠の中は電位が同じ，すなわち電気が籠の中の物体にはかからないというものである．金属は電気を通しやすいので，雷の電気は金属部分を通って流れてしまい，その中にいる人間は安全である．鉄筋コンクリートの建物の中も安全である．自動車はもとより，列車，バス，金属製船舶，飛行機などの中も安全である．ファラデーケージの中に入っているので安全なのである．

　建物や車の中は安全だが，万一落雷がその建物や車にあった場合，あるいはすぐ近くに落雷があった場合，その建物や車の中にいる人が注意しておかなければならないことがある．それは，テレビのア

図3・8　車の中は安全

3.3 ゴム製品は雷を通さない—だから安全?

ンテナや電源線,電話線,水道管など,建物の外に出ていて建物内までつながっているものから雷の電気が伝わって侵入してくるおそれがあることである(3・9図参照).したがって,それらに触っていると感電するおそれがあること,つながっている電気電子機器が故障するおそれがあることである.これらの電気機器から離れていることが,万一の感電を防ぐ意味からは重要である.もちろん,車などでは窓から手を出してボディを触っているといったことがないようにすることが重要である.

雷に雨はつきもの.しかし,雨に濡れて立っていることは危険である.傘をさしているのはもっと危険である.木の下での雨宿りも非常に危ない.

部屋の中心にいて,壁に触れないようにするのが安全

図3・9 室内での安全な場所

3 雷の応用

　高い木や鉄塔などに雷は落ちやすく，木に落ちた雷がその近くの人やものに落ちるという側撃雷を受けるおそれもある．図3・10に，高い木や送電線近くでの雷の避難推奨位置を示す．

　高い木からは2 mから4 m以上は離れること，または，木の頂上，先端を見上げて45°以上の角度で見上げられる位置まで離れることと覚えておいてもよい．しかし，配電線や送電線は電線が避雷針の役割を果たすので，図3・11に示すように，その真下，あるいは近傍で，45°以上で見上げられる範囲は安全であるというのは裏技である．ただし，くどいようだが，電線を支えている鉄塔からは2 m以上離れること．

　ゴルフ場や釣りなどで，雷が鳴ってきたらゴルフクラブや釣竿は決して振りかざさないこと．すぐに中止して建物の中に入ることが必要である．

3.4　雷エネルギーは利用できるか

(i) 雷のエネルギーはどのくらい？

　雷のエネルギーを何かに利用できないか？　とよくいわれてきた．同じ自然エネルギーである水力エネルギーは水車などとして昔から使われてきている．太陽エネルギーや風力エネルギーは，最近，メガソーラやウインドファームなどとして利用されるようになってきた．しかし，雷のエネルギーは，いまだに本格的な利用が行われているという事例は聞かれないのではないだろうか．しかし，いくつかの研究も行われており，なかには有望なもの，特異なもの，興味あるものがある．

3.4 雷エネルギーは利用できるか

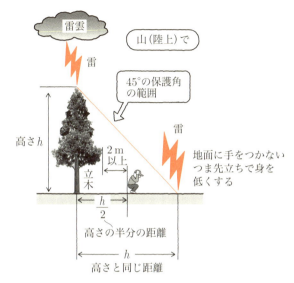

図3・10　高い木や送電線近くでの避難推奨位置

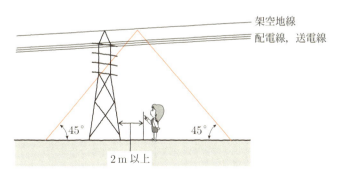

図3・11　配電線・送電線の近くでの安全な位置

3 雷の応用

(ii) 雷のエネルギーはどのくらいか,試算してみよう

まず,雷は地球上でどのくらい発生しているのだろうか.地球上全体では,毎秒100回程度発生しているといわれている.多いようだが,地球上すべてでの話である.

場所ごとにみると,雷が多いといわれている日本の,しかも,雷の多い地方でも,年5回くらいである.では,エネルギーはどのくらいだろうか.

雷の電圧は小さいものから大きいものまでいろいろあるが,数十万Vから数百万Vである.1億Vの雷が観測されたと話題になったことがあるが,これほど大きい雷は滅多にない.1回の落雷のエネルギーは,10億J(ジュール)から50億Jと考えられている.

しかし,このエネルギーを蓄える技術も完璧ではない.どこでいつ起きるかを予測することができないので,非常に難しいのである.仮に,大きな雷,50億Jの雷^(注)が日本での落雷の多い地方で,年5回あったとすると,

$$50 \text{億 J} \times 5 = 1\,400 \text{ kW·h} \times 5 = 7\,000 \text{ kW·h}$$

であるから7 000 kW·hとなり,1日に10 kW·h使用する家庭では,ちょうど2年分の電気使用分を賄えることになる.しかし,これは雷の多い地方での年間の発生雷を独り占めしたときの話であるから,実用的ではない.

(注) 雷の電圧を1億V,雷雲の電荷量Qを100 C(クーロン)とすると,次式のように,その雷の保持するエネルギーEは50億Jであり,1 400 kW·hである.

$$E = \frac{1}{2}QV = \frac{1}{2} \times 100 \text{ C} \times 1 \text{億 V}$$
$$= 50 \text{億 J} = 50 \text{億 W·s} = 1\,400 \text{ kW·h}$$

3.4 雷エネルギーは利用できるか

(iii) 雷で発電できないか？

雷で発電するという雷発電では，雷雲から地上の蓄電池に電荷を導くことが必要になる．これは実現性が非常に低い，困難な技術であるといえる．雷雲の電荷にロケットを打ち込み，ロケットに誘雷するなどのロケット誘雷，レーザを打ち込むレーザ誘雷，さらにはジェット水での水誘雷などの構想があるが，現時点ではどれも難しい，実現性がまだみえない技術である．

(iv) その他，夢のエネルギーとして！

雷のエネルギーを利用することは難しいことがわかった．しかし，雷のもつ，瞬間的な高電圧，大きなエネルギーは魅力的でもある．例えば，稲光のもつアーク放電は，光と熱の両方のエネルギーを保持している．

雷は高電圧に加えて，光，音，電磁波，電流，熱などいろいろな種類のエネルギーを有している．地球に到達するまでの宇宙空間では，成層圏中のオゾン発生や各種気体生成の役割も担っている．このような雷のエネルギーを夢のエネルギーとして利用できないか，夢物語を記してみる．

① 現在のエネルギーの代替エネルギー．
② 高電圧を利用した大規模電気集塵機．
③ 特定の地域で積乱雲を発生させる技術開発により，雨と雷の恵みをもたらす．地球の砂漠化を食い止め，緑化する．
④ 雷により空気中の窒素を窒素肥料として改質し，雨とともに植物，特に稲作の豊作に役立たせる．
⑤ 雷放電を植物，キノコなどの生育に利用する．

この中で，雷と稲作との関係，植物やキノコなどへの雷の影響，効果についての言い伝えや報告例を次にまとめる．関連して，雷は

3 雷の応用

生物の生命の誕生，生命の起源に関係するという説もある．さらには，雷放電を植物，キノコなどの生育に利用する技術などについて，最新の研究例も参照して，次にまとめる．

3.5　お米が豊作になる

「雷の多い年は豊作である」と，昔からいわれてきた．雷が多く発生する夏から秋にかけては，稲の生育にとっても大事な時期である．この時期に，雷が多い年は十分な日差しと高温が続き，そこに，雷とともに，雨が降るという天候が続くので豊作であるということである．

雷が直接の原因というよりも，雷の多い年は，このように稲にとって生育に好都合な気候条件が満たされているということが一因である．

雷には，稲の豊作はもとより，生命，生物にとって，もっと大きな役割を果たしてきたという説もある．

一つは，雷は生命の誕生の起源に関与したという説である．もう一つは，上記，稲に限らず，植物の生育に寄与するというものである．さらに，植物ではないが，特に，キノコの生育に大きく関与するというものである．

すなわち，ここでは，

(i) 生命の誕生の起源に関与

(ii) 植物，キノコなどの生育に寄与，農作物に与える影響

の2点についてまとめる．

(i) 生命の誕生の起源に関与

最初の生命を誕生させる要因となったのは，原始地球に存在して

3.5 お米が豊作になる

いた，二酸化炭素，窒素，一酸化炭素等から構成されていた原始大気と言われるものである．原始大気は原始地球に衝突した微惑星に含まれていた揮発性の成分が起源である．この原始大気に，"雷"の放電や宇宙線，紫外線などのエネルギーが加えられると，アミノ酸核酸塩基，炭化水素などの化合物が生成される．これらの化合物が雨で流されて海に溶け込み，重合した高分子が集まり，最初の細胞ができたとする説がある．

この説を最初に唱えたのは，1953年，アメリカ，シカゴ大学大学院生のスタンリー・ミラー（Stanley Lloyd Miller，1930〜2007）である．彼は，図3・12に示すように，放電の実験を通して有機物質をつくることに成功した．スタンリー・ミラーは，師のハロルド・ユーリー（Harold Clayton Urey，1893〜1981）と，地球において最初

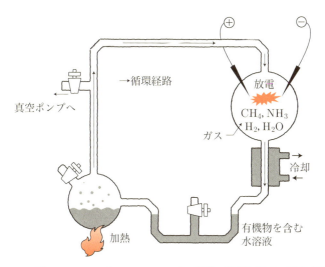

図3・12　ユーリー・ミラーによる生命の起源に関する放電実験

3 雷の応用

の生命が発生するという説を証明する実験として,「水(H_2O), メタン(CH_4), アンモニア(NH_3), 水素(H_2)の4種類の気体を用い, "落雷"を模擬した放電により, 原始生命の起源となるアミノ酸の合成に成功した」のである[1].

これら, 4種類の気体は当時の地球物理学者によって, 原始地球の大気中に存在していたと考えられていた気体である. また, 原始大気の組成に関しては, ミラーの師, ユーリーの「惑星形成は低温で起こるので, 原始地球の大気には, 水素が一定量残っており, (炭素原子や窒素原子はメタンやアンモニア中に存在する) 還元的な大気である」という説[2]をもとにしている. フラスコ内のメタンやアンモニアが, 挿入された電極間で"雷"を模した放電により, 高温水蒸気内で分解され, 新たな化学物質が合成され, 1週間程度の連続実験でアミノ酸が合成された.

実験は,「フラスコ内の溶液が原始の海に溜まった海水を模擬し, そこで, 海底の熱によって蒸発したものが大気中で"雷"を浴び, 再び冷却されて雨となって海に戻る」という過程を再現したものである. この実験により, 生命発生の最初の過程が原始大気と海で生じた可能性が高いことが確認されたことで, 雷が生命発生に重要な役割を果たすとするものである.

ただし, 現在では, 最初の生命が誕生したときの大気は, メタンやアンモニアなどの還元性気体ではなく, 二酸化炭素や窒素酸化物などの酸化性気体が主成分であったと考えられるようになっており, 生命起源に関する説はまだ確定はしていない.

(ii) 植物, キノコなどの生育に寄与, 農作物に与える影響

雷のエネルギー, 放電のエネルギーで空気中の窒素を改質し, 窒素肥料の役割を果たし, 農作物や森林の緑化に寄与してきたという

3.5 お米が豊作になる

説がある．雷が空気中の窒素を酸化させて地面に吸収しやすい化学物質に変え，植物の栄養源，肥料となるという説である．

植物，特に，稲の生育に効果を及ぼし，「雷の多い年は豊作である」という言い伝えも各地で残されている．夏から初秋にかけての雷が多発する時期は，雨を降らすことも含めて，稲作には大事な時期である．日中は30 ℃を超える真夏日が続き，夜は20 ℃前後の涼しさになることが稲作にとって良い生育条件である．夏の落雷を伴った夕立は稲作にとって，気温の面，雨による水の供給などの気象の面からも好条件である．夕方以降の雨は気温や稲田の水温を下げるという効果も有する．

しかし，雷の影響，効果は窒素肥料の合成や気温の条件，水の供給などだけではないようである．雷が多い年にシイタケやキノコがよく育つといわれている．日本だけでなく，ペルーやボリビア，中国，モンゴル等でも雷が落ちると，キノコがよく育つといわれている．特に，キノコなどの生育に影響を及ぼすのは，雷電圧が刺激になるなど，不思議な，まだ解明されていない効果などが影響しているようである．

筆者らの研究によると，人工的な雷電圧を印加したときのキノコ（シイタケ）は，普通に育てたキノコ（シイタケ）に比べ，発生する本数が増えたり，図3・13のように，大きさが巨大化していることがわかる．そのメカニズムはよくわかっていないが，雷電圧の大きさや，その極性，印加する回数などに影響を受けるようである．さらに研究が進められている．

九州大学農学部でも同様な研究が行われ，シイタケの菌床に電極を挿入して人工的な雷電圧を印加すると，収穫量が5割増しになるなどの結果も得られている．さらに，シイタケ以外にも，エリンギ，

3 雷の応用

(a) 雷を印加したキノコ

(b) 通常での生育状態のキノコ

図3・13　雷によるキノコの生育に及ぼす影響（巨大化）

マイタケ，などのキノコ類でも同様な効果が確認されている．また，カラマツやエゾマツなどに発生するハナビラタケは，健康食としても普及している．このハナビラタケを四国電力などでは人工栽培し，ハナビラタケに人工的に雷電圧を印加して収穫量を増やすとともに，薬用への応用を図り，薬としても販売している．

このように，雷は生命の誕生に関与したという説もあるが，その真偽はともかく，雷は植物，特に，キノコ類の生育に大きく影響す

3.5 お米が豊作になる

る不思議な力をもっているのは疑いないことである．

文献
(1) Miller S. L. "Production of Amino Acids under Possible Primitive Earth Conditions", Science vol.117, pp528-529 (1953)
(2) Miller S. L. and Urey H. C. "Organic Compound Synthesis on the Primitive Earth", Science vol.130, pp245-251 (1959)

索 引

アルファベット

SPD ……………………… *58, 71, 73*

あ

アレスタ ………………………… *71*

稲光 …………………………… *20*

ウィルソン …………………… *10*
ウィルソンの霧箱 …………… *10*
上向き雷 …………………*40, 47*
雲間放電 ……………………… *58*
雲雷 …………………………… *18*
雲粒 …………………………… *29*

エルブス ……………………… *53*

か

回転球体法 …………………… *68*
界雷 ………………… *40, 42, 44*
夏季雷 …………………… *35, 37*
架空地線 ……………………… *70*
火山雷 ………………………… *50*
火事雷 ………………………… *50*
雷警報装置 …………………… *65*
雷のエネルギー ……… *78, 80*
雷発電 ………………………… *81*
紙避雷器 ……………………… *72*

渦雷 …………………………… *49*
帰還雷撃 ……………………… *47*
ギャップ付避雷器 …………… *72*
ギャップレス避雷器 ………… *72*
巨大ジェット ………………… *53*

空気の絶縁破壊電圧 ………… *19*
空雷 …………………………… *18*
クーロン力 ……………………… *6*
クラスⅠSPD ………………… *74*
クラスⅡSPD ………………… *74*
クラスⅢSPD ………………… *74*

高高度放電発光 ……………… *51*
降水 …………………………… *25*

さ

サージ防護デバイスSPD ……… *73*
酸化亜鉛ZnO素子 …………… *73*
酸化亜鉛避雷器 ……………… *73*

持続ストローク ……………… *12*
シュバイガー ………………… *68*
主放電 ………………………… *20*
受雷部 ………………………… *69*
受雷物体 ……………………… *23*
春雷 …………………………… *44*
植物，キノコなどの生育 …… *85*

ションランド ………………… 11	炭化けい素SiC素子 ………… 73
シンプソン ………………… 13	
	チャージセンタ ……………… 17
水誘雷 ……………………… 81	着氷電荷分離機構 …………… 12
スタンリー・ミラー ………… 83	中間圏発光現象 ……………… 51
ステップトリーダ ……… 15, 20	超高層雷放電 ………………… 51
ステップトリーダストローク … 14	直撃雷 …………………… 21, 54
ストリーマ ………………… 14	
スプライト ………………… 52	抵抗率 ……………………… 74
	電界の強さ …………………… 64
正電荷 ……………………… 30	電光 ……………………… 17, 20
生命の誕生の起源 …………… 82	電子雪崩 ……………………… 14
積乱雲 …………………… 7, 25	電磁波 ……………………… 64
絶縁体 ……………………… 75	
接地抵抗 …………………… 71	冬季雷 …………………… 35, 41
尖頭雷 ……………………… 18	導体 ………………………… 75
セントエルモの火 …………… 3	都市雷 …………………… 31, 48
	トリガード落雷 ……………… 49
側撃傷害 …………………… 55	
側撃雷 …………………… 21, 53, 54	**な**
た	内線規程 …………………… 71
ダートリーダストローク …… 18	入道雲 ………………………… 7
大地雷 ……………………… 18	
帯電雲 ……………………… 13	熱的界雷 …………………… 47
帯電電位 ……………………… 4	熱雷 ……………………… 40, 44
帯電列 …………………… 3, 5	**は**
対流雲 ……………………… 31	
ダウンワードストローク …… 15	パイロットストリーマ ……… 14
凧あげ ………………………… 1	爆発雷 ……………………… 51
多重雷撃 …………………… 40	バリスタ …………………… 71
竜巻雷 ……………………… 50	ハロルド・ユーリー ………… 82

非直線抵抗特性 ……………………… 72
非直線抵抗特性素子…………… 72
火花開始電圧………………………… 19
火花放電路…………………………… 20
氷晶……………………………………… 30
避雷器……………………………… 58, 70
避雷針………………………………… 65
避雷領域……………………………… 68

ファイナルジャンプ……………… 20
ファラデーケージ………………… 76
負極性雷……………………………… 38
負電荷………………………………… 30
プラズマ……………………………… 20
フランクリンの棒…………… 3, 65
ブルージェット …………………… 53
ブルースタータ …………………… 53

平野雷………………………………… 18
ベンジャミン・フランクリン…1, 9

保安器………………………………… 71
ボイス………………………………… 11
ボイスカメラ ……………………… 11
放電路………………………………… 16
保護角………………………………… 67
保護角法……………………………… 67
保護範囲…………………… 23, 67, 69
ポッケルス ………………………… 10
ポッケルス素子 …………………… 10
ホファート ………………………… 10

ま

摩擦帯電……………………………………3
マックアークロン ………………… 12

メインストローク ………………… 15

や

誘導雷……………………………… 22, 56
誘導雷サージ…………………… 55, 57

ら

雷雲………………………………………… 6
雷雲モデル ………………………… 13
雷撃…………………………………… 12
雷電波………………………………… 61
ライデン瓶……………………………… 2
雷鳴…………………………………17, 62

リーダ………………………………… 20
リーダーストローク …………… 15
リターンストローク …… 16, 20, 47
リッチマン……………………………… 9

レーザ誘雷 ………………………… 80
レッドスプライト ……………… 52
連続ストローク ………………12, 18

ロケット誘雷……………………… 80

〜〜〜 著者略歴 〜〜〜
乾　昭文（いぬい　あきふみ）

1979年　　東芝入社
2002年　　国士舘大学工学部教授
2007年〜　国士舘大学理工学部教授
　　　　　同大学では放電現象の解明，環境・生体に及ぼす電
　　　　　磁界の影響，超臨界流体の環境への適用などの研究
　　　　　に従事．工学博士．電気学会・IEEE（アメリカ電気
　　　　　電子工学会）・電子情報通信学会など6学会に所属

　　　　　　　　　　　　　　　　　　© Akifumi Inui 2017

スッキリ！がってん！　雷の本

2017年　4月14日　　第1版第1刷発行

著　者　　乾　　　昭　　文
発行者　　田　中　久　喜
発行所
株式会社 電気書院
ホームページ　www.denkishoin.co.jp
（振替口座　00190-5-18837）
〒101-0051　東京都千代田区神田神保町1-3 ミヤタビル2F
電話（03）5259-9160／FAX（03）5259-9162

印刷　中央精版印刷株式会社
Printed in Japan／ISBN978-4-485-60021-4

• 落丁・乱丁の際は，送料弊社負担にてお取り替えいたします．

JCOPY　〈㈳出版者著作権管理機構 委託出版物〉

本書の無断複写（電子化含む）は著作権法上での例外を除き禁じられています．複写される場合は，そのつど事前に，㈳出版者著作権管理機構（電話：03-3513-6969，FAX：03-3513-6979，e-mail：info@jcopy.or.jp）の許諾を得てください．また本書を代行業者等の第三者に依頼してスキャンやデジタル化することは，たとえ個人や家庭内での利用であっても一切認められません．

書籍の正誤について

万一，内容に誤りと思われる箇所がございましたら，以下の方法でご確認いただきますようお願いいたします．

なお，正誤のお問合せ以外の書籍の内容に関する解説や受験指導などは**行っておりません**．このようなお問合せにつきましては，お答えいたしかねますので，予めご了承ください．

正誤表の確認方法

最新の正誤表は，弊社Webページに掲載しております．「キーワード検索」などを用いて，書籍詳細ページをご覧ください．

正誤表があるものに関しましては，書影の下の方に正誤表をダウンロードできるリンクが表示されます．表示されないものに関しましては，正誤表がございません．

弊社Webページアドレス
http://www.denkishoin.co.jp/

正誤のお問合せ方法

正誤表がない場合，あるいは当該箇所が掲載されていない場合は，書名，版刷，発行年月日，お客様のお名前，ご連絡先を明記の上，具体的な記載場所とお問合せの内容を添えて，下記のいずれかの方法でお問合せください．
回答まで，時間がかかる場合もございますので，予めご了承ください．

郵便で問い合わせる	郵送先	〒101-0051 東京都千代田区神田神保町1-3 ミヤタビル2F ㈱電気書院　出版部　正誤問合せ係
FAXで問い合わせる	ファクス番号	**03-5259-9162**
ネットで問い合わせる		弊社Webページ右上の「**お問い合わせ**」から **http://www.denkishoin.co.jp/**

お電話でのお問合せは，承れません

(2015年10月現在)

専門書を読み解くための入門書

スッキリ！がってん！シリーズ

スッキリ！がってん！ 雷の本

ISBN978-4-485-60021-4
B6判91ページ／乾　昭文［著］
本体1,000円＋税（送料300円）

雷はどうやって発生するでしょう？　雷の発生やその通り道など基本的な雷の話から，種類と特徴など理工学の基礎的な内容までを解説しています．また，農作物に与える影響や雷エネルギーの利用など，雷の影響や今後の研究課題についてもふれています．

スッキリ！がってん！ 感知器の本

ISBN978-4-485-60025-2
B6判173ページ／伊藤　尚・鈴木　和男［著］
本体1,200円＋税（送料300円）

住宅火災による犠牲者が年々増加していることを受け，平成23年6月までに住宅用火災警報機（感知器の仲間です）を設置する事が義務付けられました．身近になった感知器の種類，原理，構造だけでなく火災や消火に関する知識も習得できます．

専門書を読み解くための入門書

スッキリ！がってん！シリーズ

スッキリ！がってん！無線通信の本

ISBN978-4-485-60020-7
B6判167ページ／阪田　史郎［著］
本体1,200円＋税（送料300円）

無線通信の研究が本格化して約150年を経た現在，無線通信は私たちの産業，社会や日常生活のすみずみにまで深く融け込んでいる．その無線通信の基本原理から主要技術の専門的な内容，将来展望を含めた応用までを包括的かつ体系的に把握できるようまとめた1冊．

スッキリ！がってん！二次電池の本

ISBN978-4-485-60022-1
B6判136ページ／関　勝男［著］
本体1,200円＋税（送料300円）

二次電池がどのように構成され，どこに使用されているか，どれほど現代社会を支える礎になっているか，今後の社会の発展にどれほど寄与するポテンシャルを備えているか，といった観点から二次電池像をできるかぎり具体的に解説した，入門書．

専門書を読み解くための入門書

スッキリ！がってん！シリーズ

スッキリ！がってん！ 有機ELの本

ISBN978-4-485-60023-8
B6判162ページ／木村　睦 [著]
本体1,200円＋税（送料300円）

iPhoneやテレビのディスプレイパネル（一部）が，有機ELという素材でできていることはご存知でしょうか？　そんな素材の考案者が執筆した「有機ELの本」を手にしてください．有機ELがどんなものかがわかると思います．化学が苦手な方も読み進めることができる本です．

スッキリ！がってん！ 燃料電池車の本

ISBN978-4-485-60026-9
B6判149ページ／高橋　良彦 [著]
本体1,200円＋税（送料300円）

燃料電池車・電気自動車を基礎から学べるよう，徹底的に原理的な事項を解説しています．燃料電池車登場の経緯，構造，システム構成，原理などをわかりやすく解説しています．また，実際に大学で製作した小型燃料電池車についても解説しています．